GEORG KERBER

ANLAGEN PORTRÄTS

Modellbahn-Faszination

transpress

Einbandgestaltung: Andreas Pflaum unter Verwendung eines Fotos von Andreas Stirl

ISBN 3-344-71013-3

3. Auflage 1999

Lektor: Dr. Rolf Neustädt
Typographie: Regine Buddeke
Druck: Maisch + Queck, Gerlingen
Bindung: K. Dieringer, Gerlingen

Printed in Germany.

Vorwort

„Endlich ein neues Anlagenbuch" sagen die einen, „schon wieder ein neues Anlagenbuch" die anderen. Anlagenpläne sind wie Kaffee im Menü der Modelleisenbahner, anregend, Lust machend und wenn man nicht gleich ihre anregende Wirkung nutzt, auch schnell wieder in ihrer Wirkung verklingend. Dabei lehrt die Erfahrung, daß in den seltensten Fällen Anlagenpläne kritiklos übernommen und Schwelle für Schwelle nachgebaut werden. Oftmals wird die anfangs begeistert aufgenommene Anregung am Ende so weit durch eigene Ideen verändert, daß nichts mehr an die ursprüngliche Vorlage erinnert. Dennoch ertönt immer wieder der Ruf nach Veröffentlichungen von Gleisplanvorlagen, wohl um die eigene Kreativität zu schonen oder um sich an fremden Ideen zu messen.

Die „Anlagen-Porträts" unterscheiden sich von einer Reihe bisher im transpress-Verlag erschienenen Veröffentlichungen zum gleichen Thema dadurch, daß existierende Modellbahnanlagen reich illustriert und mit den dazugehörigen Gleisplänen vorgestellt werden. Dazu wählten wir aus dem Archiv der Monatszeitschrift ModellEisenBahner die schönsten Anlagen in vier Nenngrößen aus: IIm, H0, TT und N. Die Auswahl war so vielfältig wie das Hobby Modelleisenbahn an sich ist, von der LGB-Freiluftanlage im Winter bis zur zimmergroßen H0-Anlage im goldenen Herbst. Und weil die Neugier der interessierten Modelleisenbahner nach weiterreichenden Details bekannt ist, wurde jedem Anlagenporträt ein Kasten beigefügt, in dem alle technischen und gestalterischen Daten noch einmal zusammengefaßt wurden.

Möge das Buch eine kurzweilige Lektüre für den Modelleisenbahner sein und mögen die vorgestellten Anlagen auf den einen oder anderen Leser anregend wirken wie eine Tasse Kaffee und dem Wunsch nach Vollkommenheit in der eigenen Anlagengestaltung Rechnung tragen.

Im November 1994 Georg Kerber

Inhaltsverzeichnis

Ein Bahnhof für eine Anlage

Als in der Mitte des vorigen Jahrhunderts der Bahnhof Herrenhausen bei Hannover gebaut wurde, dienten seine Anlagen in erster Linie zum schnellen Erreichen des Schlosses Herrenhausen und der ausgedehnten Parkanlagen durch die erlauchten Persönlichkeiten des Hannoveraner Herrscherhauses und seiner Paladine.
Heute ist der Bahnhof stillgelegt. Sein guterhaltenes Empfangsgebäude beherbergt u. a. die H0-Anlage des Modelleisenbahnclubs Hannover e. V.

Klubgeschichte
Im Frühjahr 1947 trafen sich aufgrund einer Anzeige in der Zeitschrift Modellbahnen einige interessierte Herren in Hannover, um einen Modellbahnklub zu gründen. Als dann 1952 im ehemaligen Luftschutzbunker Nr. V unter dem Hauptbahnhof Hannover Räume zu vergeben waren, nahmen die Modellbahnfreunde der ersten Stunde gern den größten dieser Räume für den Aufbau einer Modellbahnanlage in Anspruch. Doch bereits Mitte der 50er Jahre mußte der Raum mehrmals

Die vor dem zum Bauwagen umfunktionierten Abteilwagen abgestellten VW-Käfer deuten auf eine Anlagenepoche in den 60er Jahren hin.

Im Bahnbetriebswerk zur Dampflokzeit herrscht stets reger Betrieb. Vorbildgetreu werden die Kohlewagen von einem Eisenbahndrehkran (EDK) entladen.

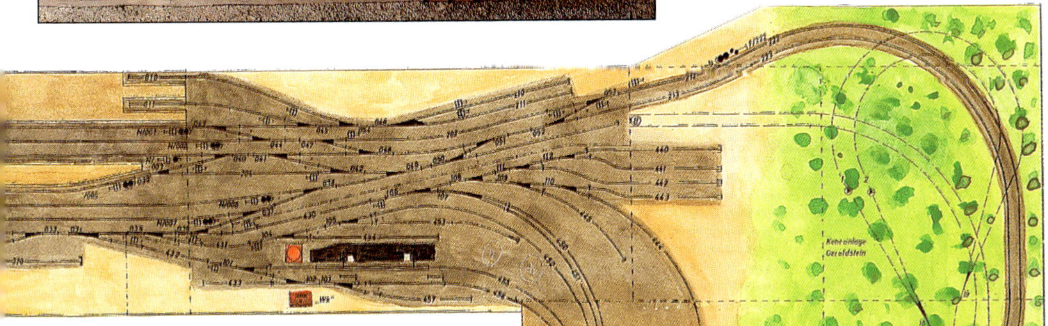
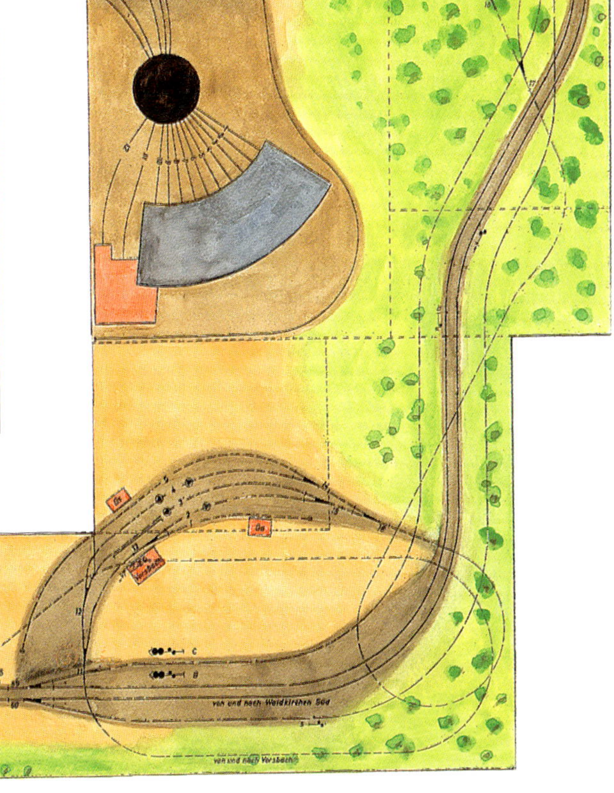
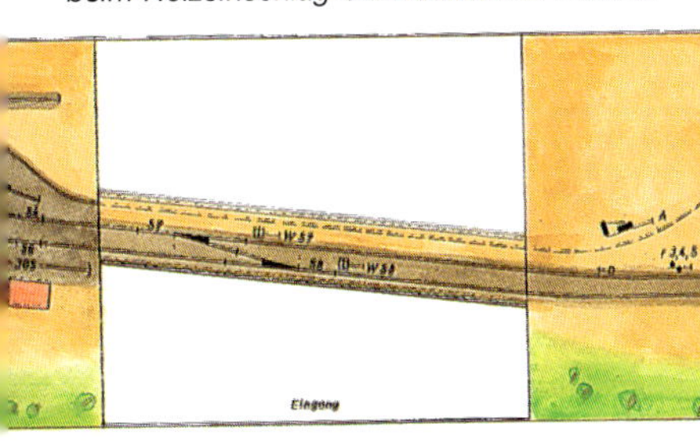

Man braucht nur der Schleif- und Fahrspur zu folgen, um die fleißigen Forstarbeiter beim Holzeinschlag beobachten zu können.

In jedem Bahnbetriebswerk gab es zur Dampflokzeit ein Rohrblasgerüst, mit dem mittels Preßluft und langer Lanzen die Rückstände aus den Heiz- und Rauchrohren der Lokomotiven entfernt wurden.

als Lagerraum für karitative Zwecke genutzt werden, und er stand erst wieder nach Abschluß der Spätheimkehrerzeit zur Verfügung. 1963 wurde allen Mietern der Bunkerräume gekündigt, und so blieb die angefangene Anlage ein Torso, der erst 1966 endgültig demontiert werden konnte. Doch viele Teile dieser „Uranlage“ blieben erhalten und wurden später in die Klubanlage II integriert.

Anlagenkonzeption

Nach einem Entwurf von Max Babst sollte eine Anlage an der Wand entlang entstehen. Inzwischen sind so viele Ideen der Mitglieder verwirklicht worden, daß von der ursprünglichen Idee nicht mehr viel übriggeblieben ist und schließlich doch wieder ein Riesenoval entstand, das aber aufgrund seiner gewaltigen Ausmaße kaum mehr als solches zu erkennen ist. Auch die Konzeption zur H0e-Schmalspurbahn entstand erst im Verlaufe des Anlagenaufbaus, obwohl sie heute ein nicht mehr wegzudenkendes Element der Gesamtgestaltung darstellt.
Nachdem hinter dem Empfangsgebäude Waidkirchen a. d. Sülz die Wand zu den dahinterliegenden Räumen durchbrochen wurde, hat sich der Schwerpunkt der Anlagenbauarbeiten in diesen Bereich verlagert. Hier entstand ein riesiger Abstell- und Zugbildungsbahnhof, der nur mit ausgefeilter Automatik und modernster Übertragungstechnik in der Griff zu bekommen war.

Anlagenbau

Die Anlage ist 10 m lang und im Mittelteil 4,75 m breit. Die größte Anlagentiefe beträgt 2,30 m, die Regel sind jedoch „erreichbare“ Tiefen von 1,10 m. Der Unterbau entstand als Rahmentragkonstruktion aus Holzbalken und Metallträgern. Die Oberfläche der Holzrahmen wurde mit einer 13 mm dicken Spanplatte abgedeckt, so daß die Anlage (bedingt) begehbar ist, was bei dieser Größe schon unumgänglich ist. Die Auf- und Abfahrten in die unteren Ebenen sind in die Rahmenspanten eingelassen, so daß für alle Gleisanlagen eine solide, verzugsfreie Konstruktion zur Verfügung steht.
Der Landschaftsunterbau entstand aus Drahtgeflecht und geknülltem Zeitungspapier, auf das eine dünne Schicht Gipsspachtel aufgebracht wurde. Große Flächen der Landschaftsebene wurden mit Grasmatten bedeckt. Die Felsen wurden aus Korkrindenstücken zusammengesetzt und an den Übergangsstellen mit brauner Spachtelmasse verfüllt. Die Gebäude entstanden – bis auf wenige Ausnahmen – aus handelsüblichen Bausätzen, die ausgiebig verändert, verwittert und umgebaut wurden. Zum Erreichen einer großen Tiefenwirkung tragen wesentlich die Hintergrundkulissen von MZZ und einige selbstgemalte Wolkengebilde bei, die wenige Zentimeter hinter der hinteren Anlagenkante angebracht wurden.
Sitzende Besucher haben das Geländerelief

Erstaunlich! Trotz der Zeit der Hochkonjunktur kommt Waidkirchen a. d. Sülz heute nur mit einem Zementsilowagen aus.

„Mit der Schmalspurbahn ins Gebirge" ist das Motto des H0e-Teils der Klubanlage. Doch vorher muß am Kohlenbansen tüchtig gebunkert werden.

in Augenhöhe, sehen in die Anlage hinein. Was für ein visuelles Vergnügen! Stehende Betrachter schauen nur wenig von oben herab, denn die Anlagenkante ist 1,17 m über dem Fußboden. Für das Sehvergnügen von Knirpsen sorgen Treppen entlang der Anlagenbegrenzung.
Für die Gleisanlagen wurden verschiedene Fabrikate verwendet. Ursprünglich vorhandene Nemec-Gleise (heute Fa. Schullern) wurden durch solche von Peco und Roco ergänzt. Auf den Schmalspurstrecken liegen Bemo-Gleise. Dabei wurden alle Gleise (auch die unsichtbaren) auf geräuschdämmenden Korkstreifen verlegt, im sichtbaren Bereich wurden alle Gleise eingeschottert. Die Antriebe der Weichen der Normal- und Schmalspurbahnen sind motorische Stellvorrichtungen der Firma Fulgurex.

Steuerung
Die Normalspurstrecken sind mit Tageslichtsignalen, die der Schmalspur mit Formsignalen ausgestattet. Die Betriebslenkung erfolgt dezentral über vier Gleisbildstellpulte verschiedener Bauart. So sind die Stellwerke der Bahnhöfe Frankenhausen und Waidkirchen a.d. Sülz in ihrem äußeren Erscheinungsbild dem Dr-Stellwerk SpDrS 60 nachempfunden worden. Die Steuerung und die Sicherung der Fahrstraßen erfolgen über Relais. Für die Gleisbesetztmeldung sorgen elektronische Baugruppen. Zur erleichterten Bedienung der Anlage sind die beiden genannten Stellwerke auf Automatikbetrieb umschaltbar.
Die gesamte Anlage wird elektrisch aus einer Kombination von Abschnitts- (A-) und Zu- (Z-)schaltung versorgt. Die Anschaltung und die Zuordnung der Fahrspannung erfolgen entweder über die eingestellten Fahrstraßen oder über Handregler. Zum Betrieb sind sechs Bediener erforderlich: Fahrdienstleiter, Fahrdienstleiter-Helfer, Rangiermeister und Wärter. Die Aufgabenbereiche sind nach den betrieblichen Erfordernissen festgelegt. Zur Verständigung untereinander dienen Fernsprecher. Der Fahrbetrieb erfolgt nach einem vorgeschriebenen Betriebskonzept. Alles geschieht nach Taktfolgen. Dabei arbeiten alle Betriebsstellen parallel mittels einer Taktanzeige, und der nächste Takt kann erst dann beginnen, wenn der zurückliegende abgeschlossen ist. Eine sinnreiche Lösung, die Chaos und Langeweile von vornherein ausschließt.

Anlagen-Kurzporträt
Vorbild: Kein konkretes Vorbild vorhanden. Landschaft als Vorland zum Mittelgebirge.
Nenngröße: H0, Normalspur und 750-mm-Schmalspur (H0e), Zweileiter, Gleichspannung.
Gleise: Nemec, Roco und Peco bei der Normalspur (2,5 mm Schienenhöhe), Bemo bei der Schmalspur (2 mm Schienenhöhe). Über 150 m Normalspur- und 23 m Schmalspurgleis. 97 Weichenantriebe in der Normalspur, 20 Weichenantriebe in der Schmalspur.
Anlagengröße: rund 10 m Länge und 4,50 m Breite, Gesamtfläche: 48 m^2.
Geländegestaltung: Drahtgeflecht mit Papierknäulen, Gipshaut und Grasmatten.
Gebäude: Bausätze verschiedener Hersteller, gealtert.
Fahrzeuge: Verschiedene Hersteller, z. T. gealtert und „stark verändert".

Bloß gut, daß die Dieselok-Ära begonnen hat. Da wird die Wäsche von Frau Mayer nicht mehr ganz so schmutzig.

Ersatzweise kommen auf der Schmalspurbahn manchmal auch Dieselloks zum Einsatz.

Was mag wohl der abgestellte Straßenbahnanhänger im Vorfeld des Nebenbahn-Betriebswerks machen?

Links:
In Brand geraten ist anscheinend der vierachsige D-Zug-Wagen. Die Kripo ist schon vor Ort und ermittelt die Unfallursachen.

Im Thüringer Wald

„Von Stützerbach nach Frauenwald" nannte Wolfgang Karrasch aus Berlin seine Modellbahnanlage in der Nenngröße H0 nach thüringischen Motiven. Neben der gekonnten Nachbildung der einmaligen Landschaft des Thüringer Waldes zeichnen die Anlage besonders die authentischen Zugkombinationen auf diesen Strecken und der typische Lokomotiveinsatz in den Nachkriegsjahren aus.

Vorbild

Die Ilmenauer Bahn wurde bereits 1876 auf Beschluß der Thüringischen Eisenbahn-Gesellschaft von Arnstadt nach Ilmenau gebaut. Damit war die idyllische Kleinstadt Ilmenau endlich ans Eisenbahnnetz angeschlossen, was nicht nur des aufkommenden Tourismus wegen, sondern vor allem wegen der sich stürmisch entwickelnden Glasindustrie in und um Ilmenau schon lange gewünscht wurde. Die Verlängerung der Bahn über den Kamm des Thüringer Waldes über Stützerbach nach Schleusingen war bereits vor Ankunft der Strecke aus Arnstadt beschlossen worden. Die dabei zwischen Stützerbach und dem Rennsteig entstandene Steigung von 59 ‰ zwang zur Betriebsführung mit Zahnstangen, der ersten Anlage dieser Art bei der Preußischen Staatsbahn. Für diesen Betrieb kamen vornehmlich T-28-Maschinen, die spätere Baureihe 93, zum Einsatz. Im Scheitelpunkt der Strecke liegt der Bahnhof Rennsteig, der als Spitzkehre angelegt wurde. Hier begann eine reizende Kleinbahn nach Frauenwald, die 1965 eingestellt wurde.

Anlagenkonzeption

Die harmonische Einheit zwischen Bahn und Landschaft und die Unverwechselbarkeit der thüringischen schiefergedeckten Fachwerkhäuser reizten den Erbauer, sich dieses Themas anzunehmen. Annähernd vorbildgetreu wurden die Bahnhöfe Stützerbach, Rennsteig und Frauenwald nachgestaltet. Die dazwischen liegenden „Wald-Module" haben keine konkreten Vorbilder. Um die Bergigkeit der Natur und die Mühsalen der Betriebsführung zu unterstreichen, griff der Erbauer zu einem Trick: Er legte die Bahnhofsmodule in unterschiedliche Höhen über dem Fußboden und überwand die Unterschiede auf den dazwischenliegenden Modulen durch steigungsreiche Schleifen und Tunnel, die jedoch nicht der realen Streckenführung entsprechen.
Die Vorzugs-Aufbauweise der Anlage ist die gestreckte Linienführung, jedoch können die Module/Segmente mit Hilfe von Eckmodulen zu einer U- oder Z-förmigen Konfiguration zusammengestellt werden.

Anlagenbau

Für eine solche bergbetonte Anlagengestaltung kommt eigentlich nur eine Bauweise in Frage: der Rohbau aus Drahtgeflecht mit aufkaschierten Papierlagen und darüber geformter Spachtelmasse. Für die Oberflächengestaltung wurden überwiegend Grasmatten und Streuflocken verwendet. Für die Darstellung der Fauna wurden handelsübliche Fichten verwittert und individuell gestaltet sowie Naturprodukte aus Wald und Wiese verwendet. Die Gleisanlage wurde ausschließlich aus Pilz-Gleisen errichtet, wobei auf komplizierte Gleisverbindungen verzichtet wurde. Lediglich beim Bahnhof Rennsteig war der Einbau von zwei doppelten Kreuzungsweichen und einer Dreiwegeweiche aus betrieblichen Gründen unumgänglich.

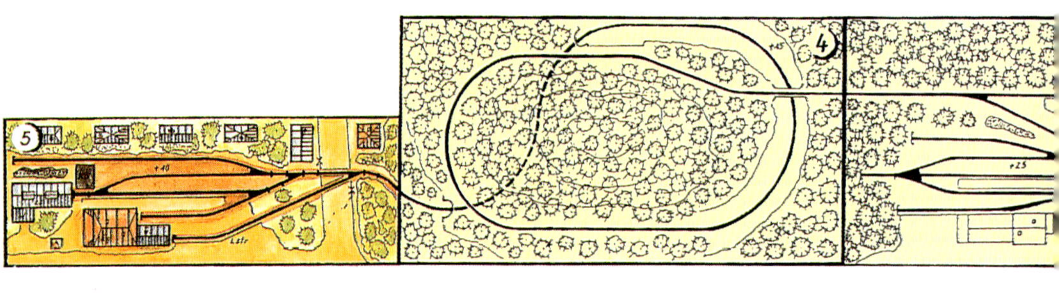

Das Empfangsgebäude Stützerbach entstand nach authentischen Unterlagen im Maßstab 1:87. Die Lok setzt soeben um, um den Zug nach Ilmenau zu befördern.

Die Dienstgebäude der drei Bahnhöfe Stützerbach, Rennsteig und Frauenwald wurden den Vorbildern authentisch nachgebaut. Dazu fanden vorwiegend Pappe und Plastikplatten Verwendung. Die Bauten wurden fotografiert und danach in Zeichnungen umgesetzt. Alle anderen Gebäude entstanden aus Bausätzen von Auhagen. Schließlich wurde der Landschaft durch wasserlösliche Farben, Farbpulver und Resttoner aus xerografischen Kopiergeräten die notwendige Natürlichkeit verliehen.

Den Waldfriedhof am Hang hinter dem Bahnhof Stützerbach gibt es übrigens wirklich. Die Grabsteine entstanden aus handelsüblichen Kilometersteinen, die mit lupenlesbaren Inschriften versehen wurden.

Fahrzeuge

Entsprechend der gewählten Epoche III kommen ausschließlich Tender-Dampflokomotiven zum Einsatz; außer einem zweiachsigen Triebwagen der Kleinbahn nach Frauenwald,

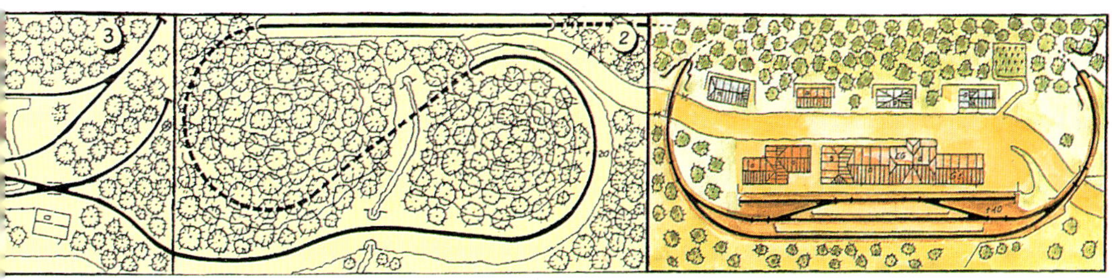

Auch den Friedhof am Hang gibt es in Stützerbach wirklich. Die Grabsteine in H0 tragen lupenlesbare Namen.

Zu DDR-Zeiten waren hier oft Lastkraftwagen vom Typ G 5 zu beobachten, die aus ehemaligen Armeebeständen stammten.

der beim Vorbild 1937 erbaut und vom Erbauer aus einem handelsüblichen Modell umgebaut wurde. Charakteristische Dampfloktypen in dieser Region waren die Baureihen 89, 91, 94 und 98. Dabei erledigten die 94er Maschinen die Hauptlast des Reisezug- und schweren Güterverkehrs, während die Baureihe 91 dem leichten Güterzugdienst diente. Die dreiachsigen T-3-Lokomotiven waren ausschließlich auf der Strecke Rennsteig–Frauenwald sowie im Rangierdienst im Einsatz. Der Wagenpark ist bunt gemischt und besteht vorwiegend aus „Donnerbüchsen“. Mit einer zweiteiligen Doppelstockwagen-Einheit und einem vierachsigen Rekowagen verweist der Erbauer auf das Jahr 1960, als diese Kombination beim Vorbild verkehrte.

Anlagen-Kurzporträt
Vorbild: Strecke Stützerbach–Rennsteig–(Frauenwald) im Thüringer Wald.
Nenngröße: H0, Zweileiter, Gleichspannung.
Gleise: Pilz-Gleis mit Pilz-Weichenantrieben. Etwa 25 m Gleis, 14 EW, 2 DKW, 1 DW.
Anlagengröße: Vier Module á 2 000 × 1 000 mm, ein Modul 1 800 × 600 mm.
Geländegestaltung: Maschendrahtgerippe mit Papier und Spachtelmasse.
Gebäude: Selbstbau und Auhagen-Bausätze.
Fahrzeuge: Lokomotivumbauten aus handelsüblichen Modellen in 94 541, 94 956, 94 1730, 91 338, 89 7002, 89 7462 und 89 6216 sowie ein zweiachsiger Dieseltriebwagen, erbaut 1937 von Lindner in Ammendorf, zweiteilige Doppelstockeinheit der DR, diverse zweiachsige Personen- und Güterwagen, wenige vierachsige Personenzugwagen als Reko-Gattung.

Am Abend bringt der „Lumpensammler“ mit der 94 541 die letzten Ausflügler zurück nach Ilmenau.

Unmittelbar hinter der Brücke am Ortseingang von Stützerbach liegt der Bahnhof, der hier vorbildgetreu nachgebildet wurde.

Schätze zum Spielen

Sammel-Puritaner sind dem Herzinfarkt nahe: Da sammelt einer alte Modelleisenbahnen in der Nenngröße 0, nicht nur, um sich am Besitz dieser Kostbarkeiten zu erfreuen, sondern außerdem, um mit ihnen zu spielen! „Wertungfreies Sammeln“ nennt das der Plauener Siegfried Franz, und er scheut sich nicht, aus Messingblech und Zinngußrädern alte Lokomotiven nachzubauen, denn der gelernte Instrumentenbauer hat sein Hobby zum Beruf gemacht: Spielzeugbauer.

Vorgeschichte

Angefangen hat alles mit einer Märklin-Anlage mit der Spurweite 0 (32 mm), die der Achtjährige Anfang der 40er Jahre geschenkt bekam. Das Verhältnis zu diesem Weihnachtsgeschenk war von Anfang an ein anderes, als man es von den meisten Gleichaltrigen gewohnt ist: Die Eisenbahn war von Stund an wichtigster Beschäftigungsgegenstand, nicht nur in der Freizeit, sondern oft genug auch in der Schule. Auch war dieses innige Verhältnis überhaupt nicht von Berührungsängsten gekennzeichnet. Alles wurde auseinandergenommen und bis ins Detail untersucht. Dabei unausbleibliche Schäden (wie etwa ein gebrochener Spulendraht an einem Ankerhorn) wurden fachgerecht repariert, selbst wenn der ganze Anker (von Hand!) neu gewickelt werden mußte. Das

Die Schatzkammer des Siegfried Franz ist bis zur Decke hin mit Kostbarkeiten gefüllt. Die Originalkästen im Vordergrund wurden nur für den Fotografen aufgestellt.

sprach sich herum. So hatte der junge Siegfried bereits mit zwölf Jahren alle Hände voll zu tun, hilfreich seine Instandsetzungskünste anzubieten, denn es war Nachkriegszeit, und Spielzeug war knapp. Kein Wunder, daß da einiges in seinen Besitz überging und ihm von Müttern, deren Söhne an der Front geblieben waren, mancher Eisenbahnkarton für ein freundliches Dankeschön in die Hand gedrückt wurde. Auch der Berufswunsch war durch die Modelleisenbahn geprägt: Instrumentenbauer.

Sammlung

Wenn eingangs das Attribut „wertungsfrei" verwendet wurde, so trifft das für die gesamte Sammlerphilosophie des Siegfried Franz zu. Das verbissene Suchen von alten Stücken nach Katalog-Nummern war ihm stets suspekt. Er freut sich über alles, was ihm in die Hände fällt, reinigt es, restauriert es fachkundig und lackiert es, wenn es notwendig ist, und das alles mit größter Sorgfalt und Sachkunde, denn aus dem gelernten Instrumentenbauer ist ein selbständiger Handwerker für Spielzeugherstellung und Restaurator geworden. So haben sich die Serien im Laufe der Jahre ergänzt. Zur Lokomotive kam der Gepäckwagen, dazu die einzelnen Reisezugwagen, und schließlich war der Zug kataloggenau komplett, ohne daß der Sammler zum Schrecken jeder Auktion wurde. Zunächst füllten die Regale nur eine Wand des großväterlichen Herrenzimmers, heute sind alle Wandflächen, Schrankdecken und Heizungsverkleidungen damit bedeckt. Selbst auf den Gardinenleisten stehen die Züge und warten darauf, einmal im Jahr auf den Rundkurs geschickt zu werden, denn das ist das Besondere an dieser Sammlung: Es darf mit ihr gespielt werden!

Spielbetrieb

Sehr schnell wurden die Gleise, die anfangs noch in den Originalverpackungen gesammelt wurden, zusammengesteckt, um darauf die Sammlerstücke fahren zu lassen. Zunächst auf dem Fußboden ausgelegt, ent-

Die Zeiten, da man sich an den alten, unmaßstäblichen Blechgebäuden gestoßen hat, sind glücklicherweise vorbei.

Der Märklin-Kran kostete in den 30er Jahren um die 7 RM. Der heutige Wert dürfte um fast 1000 DM höher liegen.

stand bald ein solides Untergestell für eine Rundumanlage in 1,20 m Höhe immer an der Wand entlang: mit einem großen Bahnhof zum Rangieren und einer kleinen Ausweichstelle unter den Fenstern, um gleichzeitig zwei Züge über den Rundkurs fahren zu können. Doch wohin mit den Gleisen an der Tür? „Die Tür bleibt frei“, so die Gattin. „Die Tür wird zugebaut“, knurrte der Modellbahner. Einen guten Kompromiß stellt schließlich eine Klappbrücke vor dem Entree dar. Nicht irgendeine Brücke, sondern eine modellgerechte Fachwerkbrücke aus geklebten Aluminiumprofilen, die klappbar ausgeführt wurde und die Spannungszufuhr zu den Dreischienengleisen rechts und links der Lücke im geöffneten Zustand unterbricht, damit der Zug nicht unbeabsichtigt abstürzt.

Sogar Kohlenhunte wurden einst in der Nenngröße 0 hergestellt. Man beachte die kleinen Drehscheiben vor den Toren des Schuppens.

Nostalgie pur: Die Schranken schließen sich bimmelnd bei annäherndem Zug, und das Bahnwärterhäuschen ist eigentlich für die Nenngröße 0 viel zu klein.

Das Besondere an der Anlage ist die bewußte Gestaltung, mit ihr zu spielen. Dabei wurde durchaus nicht auf vorbildgetreue Elemente verzichtet, wie eine sparsame Geländegestaltung und eingeschotterte Gleise auf der freien Strecke. Zudem wurden die alten Blechgebäude der frühen Zwanziger verwendet, die fraglos viel zu klein sind, jedoch in ihrer blechernen Spielbuntheit stilgerecht in das Anlagenensemble integriert wurden. Schließlich geht die Respektlosigkeit des Sammlers und Spielzeugherstellers so weit, daß er sich das, was in seiner Sammlung noch fehlt, einfach selbst herstellt. „Ich war stets scharf auf das Modell einer Crampton-Lokomotive. So eine mit großen Rädern und weit vorgezogenem Longboiler. Weil ich auf den Auktionen keine fand, baute ich mir

Brückendurchfahrt für eine alte zweiachsige Elektrolokomotive. Die Brücke ist klappbar vor der Tür angeordnet.

Eine Anhäufung von Schätzen: Die 1'B-Lokomotive ist osteuropäischen Vorbildern nachempfunden und wir noch durch „Starkstrom" angetrieben.

Nicht nur Blech-Kostbarkeiten tummeln sich auf der Franzschen Spielanlage, sondern auch Tiere von Lionel.

Eine Crampton-Lokomotive wollte Herr Franz haben und baute sich eine in der Manier der alten Tin-plate-Spielzeuge.

schließlich selber eine." Daß das Modell kein konkretes Vorbild, jedoch das typische Aussehen einer Crampton-Lokomotive hat, paßt zu der Philosophie des Siegfried Franz: Es muß in die Diktion der gesamten Sammlung passen und spielfähig sein.

Anlagen-Kurzporträt
Vorbild: Kein Vorbild, reine Spielanlage.
Nenngröße: 0, Dreileiter, Gleich- und Wechselspannung (umschaltbar).
Gleise: Märklin-Dreileiter-Gleise und Weichen.
Anlagengröße: 3,80 × 2,50 m Bahnhofsplatte und rund 15 m freie Strecke.
Geländegestaltung: Sparsamer Oberflächenbewuchs, kein Geländerelief.
Fahrzeuge: Tinplate-Modelle von Bing bis Märklin.

Die wandelbare Sachsen-Anlage

Ein Mann, der als Konstrukteur beruflich täglich Umgang mit der Modelleisenbahn hat, will, so sollte man meinen, privat überhaupt nichts damit zu tun haben. Oder er ist Besitzer einer Riesenanlage. Für Wilfried Seewald aus Dresden trifft beides nicht zu: Er findet die Erfüllung seiner privaten Modellbahnwünsche im Werkeln an einer kleinen Schmalspur-Anlage, nach sächsischen Motiven, versteht sich.

Vorbild

Das Vorbild für die kleine H0e-Anlage liegt irgendwo zwischen Radeburg, Freital und dem Kurort Kipsdorf. Die Landschaft ist also keiner konkreten Vorbildsituation nachgestaltet, die Hänge und Bäche findet der Wanderer aber überall im Osterzgebirge. Entsprechend epochegerecht (Zeit zwischen 1900 und dem Ausbruch des ersten Weltkrieges) ist die Auswahl der Fahrzeuge: alte Länderbahnwagen, die zumeist als Personenzug mit Güterbeförderung (PmG) von kleinen, dreiachsigen Lokomotiven gezogen werden, deren Star eine I K von technomodell in schwarz/grüner Lackierung ist.

Anlagenkonzeption

In der Gedankenwelt des Erbauers spielen Hundeknochen eine große Rolle, konkret das Hundeknochenprinzip für Modellbahnanlagen. Zwei Endschleifen mit möglichst großen Bogenradien werden durch eine ein- oder zweigleisige Strecke miteinander verbunden. Ganz so einfach machte es sich der Diplomingenieur aber nicht. Sein „Hundeknochen“ hat auf der Südseite zwei Wendeschleifen, ist also ein „offener Hundeknochen“. Die kleine Wendeschleife führt nach Durchfahren des Bahnhofs Seewald wieder in den Knochen zurück, und die große Wendeschleife mündet nach Überqueren einer stählernen Talbrücke in den Endbahnhof Radeburg. Außerdem befinden sich in der nördlichen Wendeschleife zwei Überholungsgleise, die ein Abstellen von Zügen ermöglichen.

Schnell noch einen Schluck Wasser aus dem verrosteten Wasserkran und schon macht sich die I K wieder unermüdlich an die Arbeit.

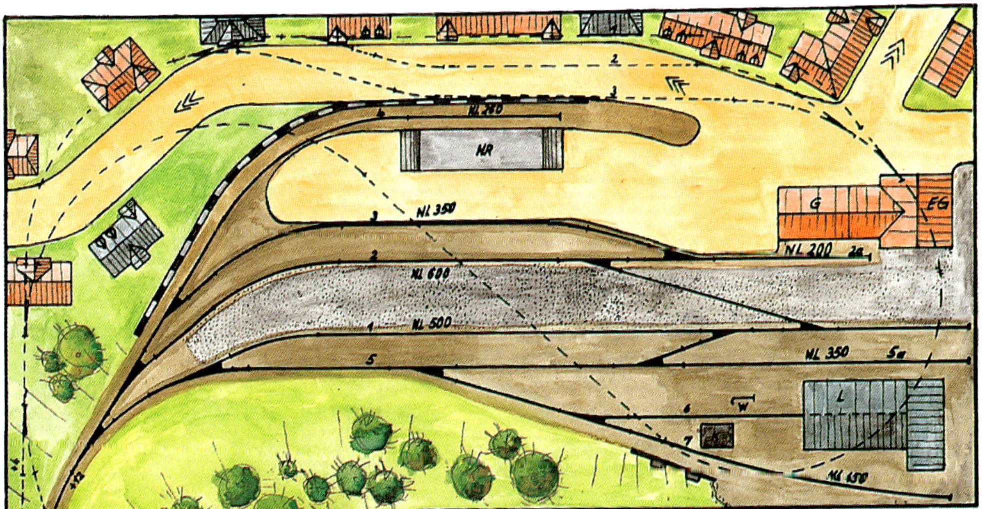

Somit kann also über die kleine Südschleife ein unendlicher Kreisbetrieb stattfinden und über die große Südschleife der Kopfbahnhof Radeburg bedient werden. Bei einer eventuellen Erweiterung der Anlage über das Gleis 1 des Endbahnhofs hinaus kann dieser auch zum Kreuzungsbahnhof umfunktioniert werden.

Anlagenbau

Prämisse des Anlagenbaus war für den Erbauer die möglichst korrekte Wiedergabe seiner erzgebirgischen Heimat. Der Unterbau besteht aus verstärkten Sperrholz- und Tischlerplatten, die Fahrwege aus H0e-Gleis von der Firma technomodell, das eingeschottert wurde. Die Landschaftsgestaltung erfolgte nach der Drahtgaze-Gips-Methode, wobei auf einen guten Übergang des Geländes zur Hintergrundkulisse geachtet wurde. So sind viele Hintergrundelemente als Relief dargestellt worden, wobei die Körperkanten zur Kulisse hin etwas abfallen. Das schafft Tiefe, und man muß an einigen Stellen der im Entstehen befindlichen Anlage schon genau hinsehen, um zu erkennen, was Relief und was Kulisse ist. Raffiniert ist die Anordnung angeschnittener Gebäude am Anlagenrand, die an der Hintergrundkulisse für einen nahtlosen Übergang sorgen, am vorderen Anlagenrand jedoch Blickfang und Symbol für den Geländeausschnitt aus der Wirklichkeit darstellen.

Die Anfänge der Anlage reichen weit in die Zeit der DDR zurück. So sind auch viele Elemente des Gelände- und Gebäudebaus eindeutig als damalige Produktion identifizierbar – neben einigen Eigenbauten, wie dem Lokomotivschuppen im Bahnhof Radeburg. Nach den Normalien der Kgl. Sä. Staatseisenbahnen sollte er so angeordnet sein, daß die Lokomotiven mit der Rauchkammer zum Schuppentor stehen. Da aber auf der Seewaldschen Anlage die Maschinen mit der Esse voran den Berg herauf kommen, mußte von dieser Regel abgewichen werden, denn eine Drehscheibe schloß sich bei der Armut der Bahnverwaltung aus, und den Schuppen am entgegengesetzten Ende anzuordnen, war nicht möglich. Zum Schutz der gesamten Anlage wurde ein Gerüst aus Alu-Profilen gebaut, in das Gleisscheiben eingeklebt wurden, die alles vitrinenartig überdecken und den Staub fernhalten.

Während sich der nähernde Personenzug mit lauten Pfeifen ankündigt, passiert Lutters Oskar mit seinem Schimmel schnell noch den Bahnübergang.

Inzwischen haben sich in den Schränken des Sammlers auch viele Modelle anderer Bahnverwaltungen und aus anderen Regionen angesammelt. So wurden alle Gebäude auf paßgenauen Sockeln montiert. Wenn dann dem Erbauer nach österreichischer Schmalspurbahn ist, werden nur die Gebäude gegen adäquate nach Alpenvorbildern ausgetauscht, und schon kann's Mariazeller „Schnauferl" auf der Anlage verkehren. Auf gleiche Weise sollen auch die Signale mittels Stecksockel austauschbar sein.

Fahrzeuge

Das ursprüngliche Sortiment beschränkte sich, der Konzeption und den materiellen Möglichkeiten entsprechend, auf Modelle von sächsischen Schmalspurbahnen, die früher einmal von der Firma Herr und später mit erweitertem Sortiment von technomodell hergestellt wurden. Inzwischen hat sich der Fahrzeugbestand um viele, auch nichtsächsische Schmalspurbahn-Modelle erweitert, so daß auch württembergische, österreichische und schweizerische Lokomotiven und Wagen nach dem beschriebenen Gebäude- und Hintergrundkulissenaustausch eingesetzt werden können.

Anlagen-Kurzporträt

Vorbild: Sächsische Schmalspurbahnen im Raum Dresden und im Osterzgebirge.
Nenngröße: H0, 9-mm-Spurweite als H0e-Anlage, Zweileiter, Gleichspannung.
Gleise: Schmalspurgleise von technomodell, mit Basalt eingeschottert, rund 16 m Gleis, 18 einfache Weichen, frisierte Hruska-Weichenantriebe unterflur.
Anlagengröße: 2,10 × 1,40 m in Winkelform. Breite des langen Schenkels 600 mm, des kurzen Schenkels 700 mm.
Geländegestaltung: Drahtgaze auf Leistengerippe, überspachtelt und als Gelände gestaltet mit Gips.
Gebäude: Frisierte Auhagen-Bausätze und Eigenbauten,
Fahrzeuge: Dampflokomotiven, Personen- und Güterwagen nach sächsischen Vorbildern von technomodell. Verwendung von Fahrzeugen anderer Bahnverwaltungen nach Umbau der Anlage.

Exakt nach Norm: Der eingleisige Tunnelquerschnitt für Schmalspurbahnen auf Seewalds sächsischer Bimmelbahn in H0e.

Die Mauerwerkspappe für die sehr gut gebaute Stützmauer ist nicht die schönste, doch die einzige, die es seinerzeit in der DDR gab.

Im kleinen Bahnhof Seewald wartet der Schmalspurzug von Wilfried Seewald auf den „Entgegenkommer“ aus der großen Wendeschleife.

In einer abnehmbaren Bahndammnische hat Wilfried Seewald die Pilz-Weichenantriebe versteckt, doch jederzeit greifbar angeordnet.

Nach getaner Arbeit verschwindet die müde I K vorschriftsmäßig „mit der Esse zum Schuppentore“ in dem einständigen Lokomotivschuppen.

Modellbahnherbst in Cottbus

Am Rande des Branitzer Parks bei Cottbus steht eine Schmiede im Jugendstil, die noch aus der Zeit des Fürsten Pückler stammt, eben jenes Fürsten, der eigentlich mehr durch seine Verdienste bei der Landschaftsgestaltung als durch sein hervorragendes Speiseeis bekannt wurde.
Die ehemalige Schmiede dient inzwischen als Remise und Lagerraum. Doch in dem Raum darüber hat sich der Bauunternehmer Wolfgang Wisheit seinen Herzenswunsch erfüllt: eine große H0-Anlage mit Oberleitungsbetrieb und viel Natur aus dem nahegelegenen Branitzer Park.

Anlagenkonzeption

Als Wolfgang Wisheit 1987 das Angebot erhielt, die alte Schmiede als Wohnung ausbauen zu können, war er sich darüber im klaren, daß das geliebte Modellbahnhobby für einige Jahre in den Schränken verschwinden mußte, denn der Ausbau des stark heruntergekommenen, 150 Jahre alten Gebäudes nahm alle Kräfte in Anspruch. Doch schon in der Planungsphase reifte der Entschluß: Der Raum über der Schmiede wird zum Modellbahnparadies ausgebaut. So wurden bei der Dachinstandsetzung gleich die entsprechenden Wandschrägen verkleidet und der Fußboden für eine ständige Nutzung als Wohnraum ausgelegt.
7 m lang und einhalb mal so breit ist die Anlage am Ende geworden, wobei immer noch Platz ist für eine gemütliche Plauder- oder Leseecke in unmittelbarer Nähe der rauschenden Modelleisenbahn. Sohn Uwe, gelernter

Die Bahnhofsausfahrt in Richtung Westen macht den großen Aufwand für den Anlagenbau sichtbar.

Schrammsteine en miniature: Hier hat der Erbauer seiner Liebe zur Sächsischen Schweiz freien Lauf gelassen und Beachtliches geschaffen.

Obwohl alle Häuser aus Bausätzen gebaut wurden, ist keines unverändert geblieben. Und wenn es der Storchenkot auf dem Dach ist.

Das großzügig angelegte Bahnbetriebswerk auf der Branitzer Anlage wird ständig von einem Hubschrauber aus überwacht.

Tischler und Ausbauspezialist, sorgte für den fachmännisch errichteten Unterbau und die Anbringung von Luken, so daß man an jeder Stelle Havarien und Betriebsunterbrechungen bequem beseitigen kann. Ein Vorbild hat die Anlage nicht, und ursprünglich lag ihr Sinn nur in der Befriedigung des Spieltriebs der beiden Söhne (und des Vaters). Doch die gemeinsame Bautätigkeit förderte so viel Kreativität der drei Modellbauer zu Tage, daß schließlich doch noch eine „richtige“ Modelleisenbahn daraus wurde.

Anlagenbau

Die Geländegestaltung entstand nach den Wünschen der Söhne: ein bißchen Erzgebirge, ein bißchen Thüringen und ein bißchen Wernigeröder heile Fachwerkhäuschenwelt. Dazu wurden viele Auhagenbausätze zusammengeklebt, gealtert und klug in das Landschaftsbild integriert. Die Felder, Wiesen und Steilhänge entstanden, wie das damals üblich war, aus einem Gips-Leim-Gemisch auf einem Untergrund aus Fliegengaze, bedeckt mit Grasmatten und Streumehl. Eines unterscheidet jedoch die Anlage von anderen: die ausschließliche Verwendung von Naturmaterialien aus dem nahegelegenen Park. Kein noch so gut gebauter künstlicher Baum aus einem Exquisitbausatz kann so viel Wärme und Natürlichkeit verbreiten, wie die zahlreich „gepflanzten“ Rispen des Weidenblättrigen Spierenstrauchs. Und wenn sie verwelkt sind, geht Gerhard Wisheit eine Stunde im Park spazieren und erneuert so die Natur auf seiner Anlage.

Die Gleise stammen von der Firma Pilz, die Weichen werden von den originalen Stellvorrichtungen ohne Endabschaltung angetrieben. Entgegen allen Erwartungen haben die Wisheits damit keine Probleme: „Fehlende

Endabschaltungen und schwache Stelleistungen kann man durch kluge elektronische Schaltungen kompensieren.“ Alle sichtbaren Gleise wurden mit Korkschrot eingeschottert und die Hauptgleise mit einer funktionsfähigen Oberleitung überspannt. Der Überdimensionierung dieser Konstruktion sind sich die Erbauer wohl bewußt, jedoch rangiert bei ihnen in diesem Fall die Funktionsfähigkeit des Ganzen vor der Schönheit maßstäblicher Filigranität. Und auch diese hat ihren Preis: Über 1 500 Lötungen mußten entlang der Trasse in oft krampfauslösender Stellung angebracht werden. Eine wahre Sisyphusarbeit!

Stromversorgung

Zur problemlosen Versorgung der gesamten Anlage mit Gleichspannung wurde vom zweiten Sohn Andreas ein spezieller Hochleistungstrafo gewickelt. Dessen Ausgang wird extra gesiebt und stabilisiert, so daß am

Hochzeit kann man jeden Tag machen. Und so fährt auch auf der Anlage stets die gleiche Hochzeitskutsche vor dem Standesamt vor.

Trutzig schaut die alte Raubritterburg auf das Treiben zu ihren Füßen.

Auch die Fallersche Kleinstadthäuserzeile bleibt nicht von den Umbauabsichten des Erbauers verschont; und wenn's ein Baugerüst vor der Fassade ist.

Unten:
Es ist Nacht geworden auf Wolfgang Wisheits Zimmeranlage. Die stimmungsvolle Beleuchtung der Züge und Gebäude genießt der Erbauer am liebsten.

Ende eine geglättete Gleichspannung von 12 bis 20 V zur Verfügung steht. Die Stromaufnahme der Anlage ist mit 10 A abgesichert, könnte jedoch nach den Parametern des Trafos noch um einiges höher liegen.
Die Anlage ist in 25 Block- und Gleisabschnitte unterteilt, die den jeweiligen Reglereinrichtungen zugeschaltet (Z-Schaltung) werden können. Diese Regler sind einerseits fest in einem zentralen Stellpult installiert, sie können aber andererseits als handtragbare Walk-around-Regler entlang der gesamten Anlage freizügig verwendet werden. Bei so viel Perfektion ist es fast schon selbstverständlich, daß die selbstgebaute Drehscheibe vor dem 19ständigen Ring-Lokschuppen eine Suchlaufautomatik und eine selbsttätige Verriegelung besitzt.

Anlagen-Kurzporträt
Vorbild: Mittelgebirgslandschaft ohne konkretes Vorbild als reine Spielanlage geplant.
Nenngröße: H0, Zweileiter, Gleichspannung.
Gleise: Etwa 280 m Pilz-Flexgleis H0 und 50 Weicheneinheiten, ebenfalls von Pilz. Oberleitung von Sommerfeldt, funktionsfähig.
Anlagengröße: 7,00 × 3,50 m mit kleinem Erweiterunganbau im Bw-Bereich,
Geländegestaltung: Gipsüberzug auf Drahtgaze, Grasmatten und viele Rispen des Weidenblättrigen Spierenstrauchs als Bäume und Büsche.
Gebäude: Auhagen-Bausätze, Eigenbauten und Faller-Gebäude.
Fahrzeuge: Ursprünglich alles Modelle aus DDR-Produktion, später erweitert durch Modelle von Fleischmann und Roco. Wagen verschiedener Hersteller.

Wintermärchen in N

Modellbahnanlagen nach winterlichen Motiven sind relativ selten. Ganz rar sind solche Anlagen in der Nenngröße N. Dort, wo eine große Schneeflocke größer ist als die Spurweite der Modellbahn, wird die gekonnte Nachbildung dieser Jahreszeit zur Kunst. Roland Zemke aus Dresden beherrscht sie, wie seine Anlage beweist.

Vorbild

Weder Landschaft noch die Gestaltung der Hoch- und Kunstbauten haben real existierende Landstriche zum Vorbild, doch weisen die verwendeten Triebfahrzeuge vom Kittel-Dampftriebwagen bis zum Wismarer „Schweineschnäuzchen“ eindeutig auf eine Zeitepoche unmittelbar nach der Auflösung der Länderbahnen hin. So verlegte der Erbauer die Handlungen des Geschehens in den Bereich der Schönrieder Kreisbahn (SKB), einer privaten Nebenbahn irgendwo im Mittelgebirgsraum zwischen Thüringer Wald und Erzgebirge. Die Bahnhöfe Schönried und Osterburken sowie der Haltepunkt Unterleuningen sind die drei Betriebsstellen, zwischen denen um 1932 ein reger Güter- und Personenverkehr stattfand, den es im Modell so realistisch wie möglich nachzugestalten galt.

Polternd überfährt die Kittel-Dampflok die Wegunterführung an der Schönrieder Kirche. Vom vielen Heizen sind die Firste der Häuser schneefrei.

Anlagenkonzeption

Wichtigstes Anliegen der Anlagengestaltung war die Nachbildung einer frostklirrenden Winterlandschaft. Die Gleisführung war darin von sekundärer Bedeutung und wurde ohne große Ansprüche geplant. Aus einer eingleisigen Acht wurde eine Strecke herausgeführt, die im Bahnhof Osterburken stumpf endet. In die unterirdischen Gleisführung wurden drei Überhol- und Abstellgleise eingebaut, die den Wechsel verschiedener Zugkombinationen gestatten. Zum Rangieren bieten der Durchgangsbahnhof Schönried und der Endbahnhof Osterburken genügend Möglichkeiten.

Das Einfangen einer frostigen Winteratmosphäre auf 0,75 m^2 war nicht nur ein „künstlerisches“ Problem, es erforderte auch zahlreiche technologische Experimente, sollte die Anlage doch transportabel und trotz Schneeverwehungen auf den Gleisen betriebssicher bleiben. Daraus ergaben sich recht interessante Materialkombinationen, die zumeist bei der Verwendung von Gips, dichtem Styropor und weißer Latexfarbe endeten.

Anlagenbau

Der Grundkörper des hügligen Geländes besteht aus weißem Styropor. Damit ist bereits eine farbliche Grundlage geschaffen, die nur noch durch kleine Geländenacharbeiten und das „Pflanzen“ von Tannen sowie selbstgebauten Laubbaumgerippen ergänzt zu werden brauchte. Das Gleismaterial der freien Strecke stammt von Pilz, die Weichen von Minitrix, Peco und Fleischmann. Da die oberflurigen Weichenantriebe störten, wurden alle Antriebe (Repa, Minitrix, Pilz und Fleischmann) unterflurig angebracht. Die Vielzahl der verwendeten Fabrikate mag verwun-

Meisterlich wurde die winterliche Mittelgebirgslandschaft um den selbstgebauten Bahnhof Schönried nachempfunden und gestaltet.

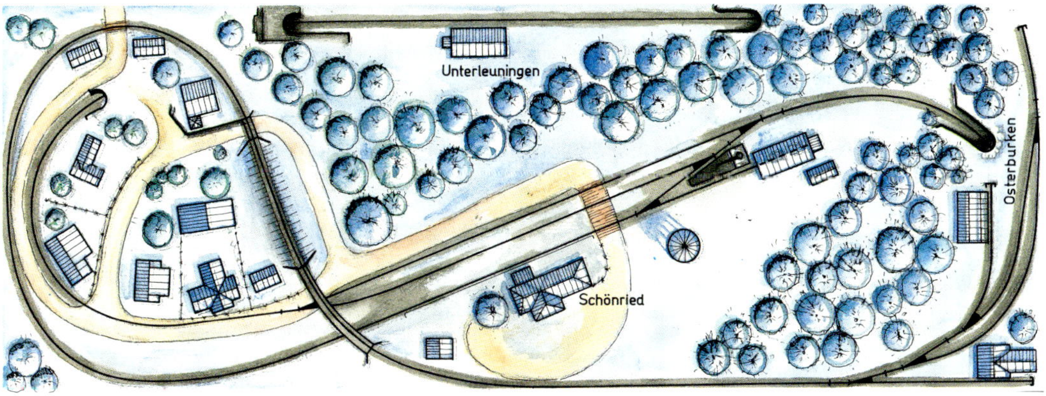

Der Dienst des Lokpersonals der kleinen B-gekuppelten Tenderlokomotive ist im Winter besonders schwer. Hoffentlich sind alle Weichen schneefrei.

Bahnhof Schönried aus der Hubschrauberperspektive. Sogar die Reste von gestreuter Asche zur Schneeabstumpfung sind zu erkennen.

Endstation Osterburken. Das „Schweinschnäuzchen" in N endet hier und fährt in einer halben Stunde zurück nach Schönried.

dern, doch ging es dem Erbauer um die Beurteilung der besten Lösungen für künftige Vorhaben. Dabei schnitten die Antriebe von Pilz und Repa am besten ab. Für die Gestaltung der Stützmauern und Tunnelportale wurden Strukturplatten von Pola verwendet. Auch der Lokschuppen entstand aus einem Pola-Bausatz. Ansonsten wurde für den Bau der Gebäude alles verwendet, was sich anbot. Zumeist waren das Gebäudebausätze der ehemaligen Firma VERO. Das Empfangsgebäude von Osterburken und der Wasserturm sind Eigenbauten aus Sperrholz, Draht und Pappe. Der Schnee besteht aus dünnen Styroporplatten, die mit dicker Latexfarbe und Spachtel behandelt wurden. Die Eiszapfen sind aus einem Winterset von Faller.

Fahrzeuge

Entsprechend der Diktion der kleinen Winteranlage und der ausgewählten Epoche ist der Bestand an Fahrzeugen relativ gering. Der Wismarer Schienenbus und die Kittel-Lok KL 2 wurden aus M & F-Bausätzen montiert, die zweiachsige Rangierlokomotive stammt von Fleischmann. Die wenigen Personen- und Güterwagen kommen von verschiedenen Herstellern, die Figuren von Preiser und das einzige Auto von Marx. Alle Triebfahrzeuge werden mittels elektronischer Regler von s.e.s.-Elektronik gesteuert. Unter der Anlage wurden zwei Geräuschgeneratoren (Dampflokgeräusche) installiert, die den Betrieb auf der Anlage wirkungsvoll unterstreichen.

Anlagen-Kurzporträt

Vorbild: Deutsches Mittelgebirge um 1932.
Nenngröße: N, Zweileiter, Gleichspannung.
Gleise: Etwa 4,5 m sichtbare Gleise und 3,6 m im Schattenbahnhof. Gleise der freien Strecke von Pilz, Weichen von Minitrix, Fleischmann und Peco.
Anlagengröße: 1 100 × 500 mm.
Geländegestaltung: Ausschließlich Styropor, nur die Gleise liegen auf festen Trassenbrettern.
Gebäude: Eigenbau und VERO-Bausätze.
Fahrzeuge: Zwei Triebfahrzeuge aus Bausätzen von Merker & Fischer, eine Lok von Minitrix. Wagen von Fleischmann, Arnold und Minitrix.

Der Abendzug bringt meistens die gleichen Reisenden wieder aufs Land zurück, die er am frühen Morgen zur Arbeit mit in die Stadt genommen hat.

Links:
Auch im Winter bleibt das Leben auf dem Bauernhof nicht stehen. So muß Bauer Anton seine Stute Susi täglich ein bißchen spazieren führen.

Äpfel in TT

Seehausen ist ein verträumtes Kleinstädtchen in der Altmark. Neben einer historischen Kirche in Backsteingotik und einigen kuscheligen Kneipen hat der Ort nicht viel zu bieten – außer einem äußerst rührigen Modellbahnklub, der sich mit dem Bau einer sehenswerten Modulanlage in der Nenngröße TT befaßt. Wenngleich die elektrifizierte Hauptbahn Osterburg–Wittenberge von den Fenstern des Klubgebäudes fast einzusehen ist, gilt das Interesse der Klubmitglieder einer 5 km entfernten Nebenbahn, der Apfelbahn.

Vorbild

An der Grenze zwischen Altmark und Lüneburger Heide liegt Salzwedel. Als Salzhandelsmetropole schon 1870 an die Eisenbahnlinie Berlin–Bremen angeschlossen, folgte die eisenbahntechnische Anbindung der Kleinstadt an das nordöstliche Hinterland erst 1922. Damals entstand eine eingleisige Bahn zwischen Salzwedel und Wittenberge an der Elbe, die nie über regionale Bedeutung hinauskam. Wegen der vielen rechts und links der Strecke liegenden Apfelplantagen gab man ihr den Namen „Apfelbahn".

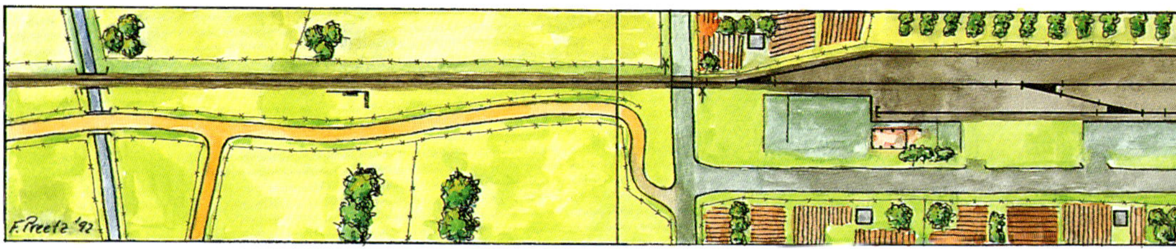

01 ← Richtung Arendsee | 02 Landstraße Viehrampe Güterrampe

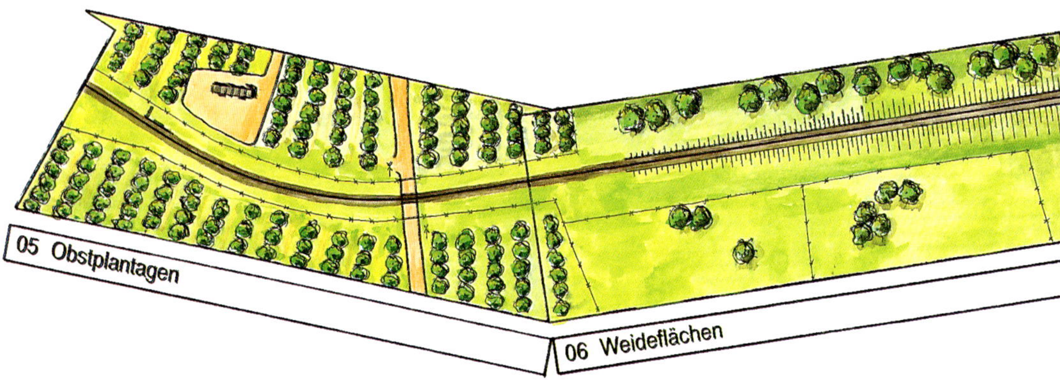

05 Obstplantagen | 06 Weideflächen

09 Brücke der Bundesstraße 189

Wenn in den 70er Jahren die Hauptstrecke „zu“ war, wurden auch schon mal D-Züge mit einer 118 über die „Apfelbahn“ umgeleitet.

Empfangsgebäude Bahnhof Krüden | 04 Ladestraße

Brücke über den Aland | 08 Ackerflächen

Die eingleisige Streckenführung, das flache Land ringsherum, die Typenbauten der Empfangsgebäude nach preußischen Normalien und eine zweifeldrige Fachwerkbrücke über ein Flüßchen, das von seiner Quelle bis zur Mündung in die Elbe drei Namen führt (Milde, Biese und Aland), machten das Bähnchen für den Nachbau im Modell äußerst reizvoll. Und weil die langgestreckte Trasse nach einer längsbetonten Anlagenform verlangte und die Seehausener schon lange mit dem Gedanken an eine modulare Bauweise liebäugelten, entstand eine sehenswerte Modulanlage in der Nenngröße TT.

Anlagenkonzeption

Als die Idee von einer Modulanlage zum Thema Apfelbahn geboren wurde, standen noch keine TT-Modulnormen zur Verfügung. Außerdem mußten sich die Seehausener mit dem begnügen, was in ausreichender Menge zur Verfügung stand, und so entstanden zunächst knapp 20 flache, verstärkte Wabenkernplatten, die auf Böcken ruhend, fest miteinander zu verbinden waren. Es sind also keine Normmodule, und sie sind auch nicht alle problemlos gegeneinander austauschbar, aber die Kompatibilität mit anderen Klubs stand ohnehin nicht im Vorder-

Flach wie ein Kuchenbrett ist die Altmark zwischen Salzwedel und Geestgottberg. Von den Modelleisenbahnern des MEC Seeberg wurde dies gekonnt nachgestaltet.

grund. Die Strecke läßt sich nun mal nur in der vorgegebene Folge aneinanderreihen. Um die Betrachter mit der strengen Linienführung nicht zu langweilen, hat man sanfte Bögen eingebaut, und Eck- und Endschleifenmodule sind auch schon in Arbeit. Am Ende der Modulreihe mündet die Apfelbahn in Geestgottberg (Länge: acht Module) in die Hauptstrecke. Wie deren Nachbildung an beiden Enden des Bahnhofs Geestgottberg einst aussehen wird, ist bereits in einer Studie fixiert.

Anlagenbau

Die genannten Wabenkernplatten sind jeweils 1 630 mm lang und 590 mm breit. Aufgrund ihrer sandwichartigen Konstruktion sind sie außerordentlich verwindungssteif und stabil. Ein unter diese Platten geschraubter Leistenrahmen ermöglicht die stirnseitige Verbindung mittels Schloßschrauben. Leitungsführungen, Weichenantriebe und Relais passen gut in diesen von den Leisten gebildeten Hohlraum. Daß die nachzubildende Landschaft flach wie ein Kuchenbrett ist, kommt der Plattenkonstruktion der Module entgegen. Kleine Erhebungen, flache Dämme und die Gleisbettung werden aus Sperrholzstreifen nachgebildet. Ansonsten dient Schaumpolystyrol als Geländegrundlage. Das Gleismaterial der freien Strecke stammt von der Firma Pilz, die Weichen sind Krüger-Bausätze. Als Unterflur-Weichenantriebe wurden Roco-Konstruktionen verwendet. Die Geländeoberfläche wurde mit Grasmatten und Streumaterial gestaltet. Alle Gleise sind vorbildgetreu im Schotterbett verlegt. Hervorzuheben ist die Anfertigung von über 500 niederstämmigen Apfelbäumen für die Plantagen. Dazu wurde jeweils etwa 12 Litzendrähte im Stamm zusammengedrillt, im Geäst auseinandergespreizt und nach Eintauchen in ein Leim-Wasser-Gemisch mit Foliage bestreut. Einzelstehende Bäume entstanden aus Bausätzen, alle Hochbauten sind Eigenschöpfungen nach Fotos vom Vorbild und nach Auswertung von Archivunterlagen. Die Stromversorgung erfolgt in konventioneller Weise, die elektrischen Verbindungen zwischen den Modulen übernehmen Vielfachkabel mit 21poligen Steckerverbindungen.

Fahrzeuge

In der Anfangszeit verkehrten auf der Anlage logischerweise nur Modelle von Zeuke, im Original oder frisiert. Doch die Laufeigenschaften ließen oft zu wünschen übrig, so daß nach der Wende sofort erste Kleinserienmodelle beschafft wurden, die inzwischen von einigen Selbstbaukunststückchen der Klubmitglieder ergänzt wurden. Besonders die streckentypischen und epochegerecht (Epoche III) verkehrenden Modelle fehlen, so daß oftmals nur der Um- oder Eigenbau bleibt.

Einmal in der Woche klappert eine Köf mit einem Silowagen die ländlichen Genossenschaften an der Strecke zur Zementbelieferung ab.

Die Obstplantagen mit den rotbackigen Äpfeln rechts und links der Strecke gaben der Bahn ihren inoffiziellen Namen: Apfelbahn.

Den Bautyp des Empfangsgebäudes von Krüden findet man allenthalben an der Strecke wieder; Standardisierung à la K.P.E.V.

Anlagen-Kurzporträt
Vorbild: Strecke Salzwedel–Geestgottberg–Wittenberge zur Epoche III.
Nenngröße: TT, Zweileiter, Gleichspannung.
Gleise: Freie Strecke und Bahnhofsgleise von Pilz, Weichen von Krüger, Weichenantriebe von Roco.
Anlagengröße: 17 Module á 1630 × 590 mm.
Geländegestaltung: Styropor-Untergrund, Dämme und Bettung aus Sperrholz.
Gebäude: Alles Eigenbauten nach Originalunterlagen und Fotodokumentationen.
Fahrzeuge: Lokomotiven und Wagen von BTTB Zeuke, Kleinserienmodelle und Eigenbauten. Viele Industriemodelle (Loks und Wagen) wurden frisiert.

Die Vorharzbahn

Für gewöhnlich dient die große Eisenbahn den Modelleisenbahnern nur insofern als Vorbild, wie sie auf ihren Anlagen nachbildbar ist, um das Modell so realistisch wie möglich betreiben zu können.
Beim Eisenbahnclub Aschersleben ist es anders: Hier dient die kleine Bahn zur Mitfinanzierung der Vorhaben der Klubmitglieder an ihren originalen, historischen Triebfahrzeugen und Wagen.

Vorbild

Der Grundgedanke der Anlagenplanung beruht auf einer fiktiven Streckengeschichte: Die 1870 erbaute Eisenbahnlinie von Dedenstadt nach Ringelsheim führt unmittelbar am nordöstlichen Harzrand entlang. So verläuft die Strecke immer am Fuße des ansteigenden Geländes zum Harz über Wiesen und Weiden bis hin zum Bahnhof Berhardstal. Hier zweigt eine Kleinbahn nach Haldensleben ab, die seinerzeit noch als Privatbahn gebaut wurde. Nach dem Ende des zweiten Weltkrieges unterbrachen Zonengrenzen die Hauptstrecke, das zweite Gleis fiel den Reparationsleistungen zum Opfer. Der bis zum 13. August 1961 übliche vereinfachte Nebenbahndienst brachte danach die endgültige Stillegung des Reiseverkehrs. Die Schienen wurden abgebaut, die Schwellen blieben teilweise liegen. Außerdem wurden in der Nähe des Bahnhofs Berhardstal während des zweiten Weltkrieges in unterirdischen Rüstungsbetrieben Waffensysteme hergestellt. Die dort verkehrende meterspurige Werkbahn hatte Reststücke bis in die 70er Jahre hinübergerettet, und schließlich gab es im Schotterwerk noch eine 600-mm-Feldbahn, die ebenfalls Anspruch erhob, auf der Anlage ein Denkmal gesetzt zu bekommen.
Das ist die Situation, die die Anlage beschreibt. Heute sieht der Betrieb täglich einen Eilzug und zwei D-Züge sowie acht Personenzüge vor. Hinzu kommen täglich zwölf Güterzugpaare und pro Richtung ein Nahgüterzug, wodurch die Strecke ausgelastet ist.
Ein anspruchsvolles Thema, harztypisch und klug durchdacht für eine mittelgroße Modellbahnanlage.

Anlagenkonzeption

Robust sollte sie sein, transportabel und von einfacher elektrischer Schaltung, die Modellbahnanlage des EC Aschersleben. Hier hatten sich Eisenbahnnarren zusammengefunden, nicht um eine Modellbahn mit allen Schikanen und Raffinessen zu bauen, sondern um sie bei Eisenbahnfesten im Zusammenhang mit ihren Exponaten im Maßstab 1:1 ausstellen zu können. Da zum Zeitpunkt der Planung und des Aufbaus die „ideale Spur" in aller Munde war, entschloß man sich zum Bau der Anlage in der Nenngröße TT. Das Thema ist nicht speziell regionaltypisch, aber ein bißchen Vorharz und Lokomotivdampf aus den Bahnbetriebswerken Aschersleben, Magdeburg und Nordhausen sollte schon dabei sein. So entstand eine schlichte, aber in einzelnen Details gut durchgestaltete Vorführanlage.
Ein weiteres Pfund, mit dem die Ascherslebener wuchern, ist die Tatsache, daß die Vorharzstadt die Geburtsstätte des Culemeyer-Verkehrs ist. Eine Sammlung verschiedener Culemeyer-Fahrzeuge in verschiedenen Maßstäben ist neben der Anlage in großen Vitrinen zu bewundern.

Anlagenbau

Hauptsache, zerlegbar. Das war die Grundforderung an die Anlagenbauer. So entstand eine 6 m lange und 1,25 m breite Rahmenkonstruktion, die in drei Teilstücke von je 2 m Länge zerlegt werden kann. Styropor und Pappmaché (in Leim aufgelöstes Zeitungspapier) bilden die Grundlage des leicht hügligen Geländes. Dazu kommen Geländemat-

Früher eine bedeutende Hauptstrecke, verkam die Vorharzbahn nach der Grenzziehung zur Nebenbahn mit „Ferkeltaxen"-Betrieb.

Zum Vorharzbild gehörte auch vielerorts der Schottersteinbruch. Natürlich nahmen die Ascherslebener dieses attraktive Thema in ihre Anlage auf.

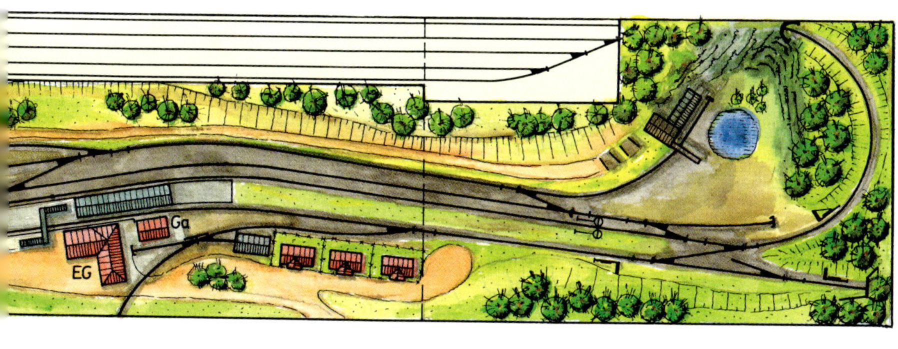

Bei aller Sparsamkeit im Detail legten die Modellbauer dennoch Wert auf einige gutgestaltete Motive am Rande der TT-Anlage.

ten und Streumaterial aus einem Noch-Beflockungsgerät. Die sparsame Ausgestaltung der großen Flächen ist nicht als Faulheit der Klubmitglieder zu werten, sondern sie trägt der unbedingten Transportabilität und dem Grundanliegen, die Anlage zur Unterstützung der Erhaltung der Vorbild-Exponate einzusetzen, Rechnung. Die Gebäude stammen von Auhagen und das Gleismaterial von Pilz und Krüger. Die Weichen werden unterflur von 24-V-Fernmelderelais angetrieben. So sind ein kraftvoller Stellmechanismus und die Spannungsversorgung der Herzstücke gewährleistet. Allerdings war dazu ein gesonderter Trafo notwendig. Die übrige Stromversorgung bleibt auf einfache Lösungen beschränkt. Auch die Signale, die ohne Zugbeeinflussung sind, werden durch Kippschalter geschaltet.

Fahrzeuge

Zu Beginn des Anlagenbetriebes kamen ausschließlich Fahrzeuge von BTTB Zeuke zum Einsatz. Das hat sich inzwischen geändert, indem Wagen von Kleinserienherstellern auf der Anlage verkehren und einige Triebfahrzeuge (vor allem im Schmalspur- und Feldbahnbereich), die als Um- und Neubauten bei einem geschickten Klubmitglied am Küchentisch entstanden. Desweiteren wurden Triebfahrzeuge von Bemo eingesetzt oder geringfügig verändert.

Anlagen-Kurzporträt

Vorbild: Nordöstliches Harzvorgelände nahe der ehemaligen Grenze um 1970.
Nenngröße: TT mit 1 000-mm-Schmalspurbahn (TTm) und 600-mm-Feldbahn (TTf). Zweileiter, Gleichspannung.
Gleise: Pilz-Gleise und -Weichen auf der Hauptbahn. Die Gleise der Schmal- und Feldbahn wurden selbst gebaut. Gleislängen: etwa 35 m Normalspur, 5 m Schmalspur und etwa 2 m bei der Feldbahn.
Anlagengröße: 6 000 × 1 250 mm.
Geländegestaltung: Pappmaché-Gelände auf einem Styroporkern, Geländematten und Streumaterial, Bäume aus Naturästen und Beflockungsmaterial.
Gebäude: Auhagen und VERO.
Fahrzeuge: Größtenteils BTTB Zeuke, einzelne Eigen- und Umbauten, wenige Wagen von Kleinserienherstellern. Selbstbaumodelle verschiedener Culemeyer-Versionen.

Die teilweise abgebauten und die vom Reparations-Abriß verschont gebliebenen Gleise zeugen von einer alten Hauptbahnherrlichkeit.

Das zweite Standbein der Ascherslebener Modellbauer ist eine Sammlung historischer Culemeyer-Modelle, deren Vorbilder hier einst gebaut wurden.

Auf den Relikten früherer Rüstungs-Werkbahnen verkehren heute noch seltene Schmalspurtriebwagen, wie dieser VT.

Modul-Dampf auf der Furkabahn

Mitte der vierziger Jahre verkaufte die Schweiz mehrere Dampflokomotiven nach Vietnam. Zwei dieser Maschinen kehrten 1990 in einer spektakulären Aktion zurück und wurden für die Dampfbahn Furka Bergstrecke (DFB) wieder betriebsfähig aufgearbeitet. Zu den Aktivitäten, die der weiteren Förderung dieser Bahn dienen, gehört auch eine Modulanlage einiger Münchner Modellbahnfreunde.

Vorbild

Am 11. Oktober 1981 rollte der letzte fahrplanmäßige Zug über die Furka. Danach verkehrten die Züge der Furka-Oberalp-Bahn (FO) nur noch durch den wintersicheren Furkatunnel. Die Bergstrecke sollte nach dem Willen der FO nie mehr in Betrieb genommen werden.

Elf Jahre später, am 18. Juli 1992, feierten viele Eisenbahnbegeisterte die Wiedereröffnung eines Teilstücks der 18 km langen Furka-Bergstrecke. Zuvor hatten im Sommer 1984 Eisenbahnenthusiasten den Abbruch der Strecke durch die Schweizer Armee verhindert, einen Verein Furka-Bergstrecke gegründet und für einen symbolischen Beitrag alle Bahnanlagen zwischen Oberwald und Realp gekauft. Seither unterstützen über 6500 Mitglieder das Projekt einer Furka-Dampfbahn, auch mit den Mitteln der Modellbahn, wie die vorgestellte Modulanlage in der Nenngröße H0 beweist.

Anlagenkonzeption

Ursprünglich betrieben die Münchner um Isolde und Horst Hoenigk eine Großanlage mit Motiven des bayerischen und schweizerischen Alpenlandes. Das wachsende Engagement für den Erhalt und den Wiederaufbau der DFB, Besuche der Modellbautage in Bern und die Bekanntschaft mit der Firma Ferro-Suisse weckten jedoch den Wunsch, eine Modulanlage nach DFB-Motiven aufzubauen.

Eigentlich sind es keine echten Module, sondern Segmente, denn der Aufbau ist nur in einer Form vorgesehen, ein frei kompatibler Austausch der Teilstücke ist nicht möglich und aus den geographischen Gegebenheiten des Vorbilds auch gar nicht nötig. Zunächst entstanden die Anlagenkästen der Bahnhöfe Gletsch und Muttbach sowie der Strecke zwischen Wilerbrücke und Steffenbachbrücke. Später folgten die kontinuierliche Fortführung der begonnenen Abschnitte sowie der Bau der Kehrentunnel, der Notbrücke und des zehngleisigen Abstellbahnhofs. Die weiteren Ausbauphasen umfassen den Bau des Baulagers, des Bahnhofs Realp mit der Einfahrt zum Basistunnel und der anschließenden Abstellbereiche. Weiterhin ist eine Zufahrt zum Bahnhof Realp geplant, so daß dann auch im Modell Fahrzeuge des Glacier-Expresses, des „langsamsten Schnellzuges“ der Welt auf die Bergstrecke überwechseln können.

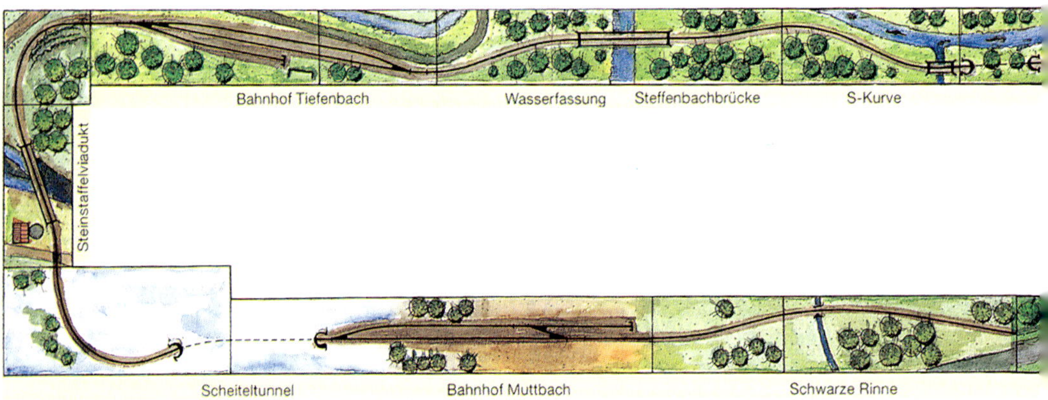

Anlagenbau

Grundlage der gesamten Anlage sind solide und besonders stabil gebaute Modulkästen. Das war nötig, weil die Erbauer von Anfang an auf die Verwendung von Naturmaterialien gesetzt haben. So bestehen die großen Geröllhalden zwischen den Bahnhöfen Gletsch und Peist aus natürlichen Steinen, die mittels farblosen Harzes unsichtbar zusammengeklebt wurden. Auch die Portale einiger Bahnunterführungen sind wie beim Vorbild aus diesem Material geformt worden. Für den Bahnhof Gletsch und die attraktive Bergstrecke wurden Selbstbaugleise in H0m von Modellbau-Ecke Schuhmacher mit Zahnstangen von Ferro-Suisse und Bemo verwendet. Im Schattenbahnhof und im Bahnhof Peist liegen Bemo-Gleise und -Weichen. Allerdings überstanden die Weichenantriebe den rauhen Ausstellungsbetrieb nicht und mußten motorischen Antrieben von Schuhmacher weichen.

Derzeit besteht die Anlage aus 32 Segmenten mit insgesamt 34 m Fahrstrecke. Davon entfallen etwa 27 m auf die Bergstrecke, der

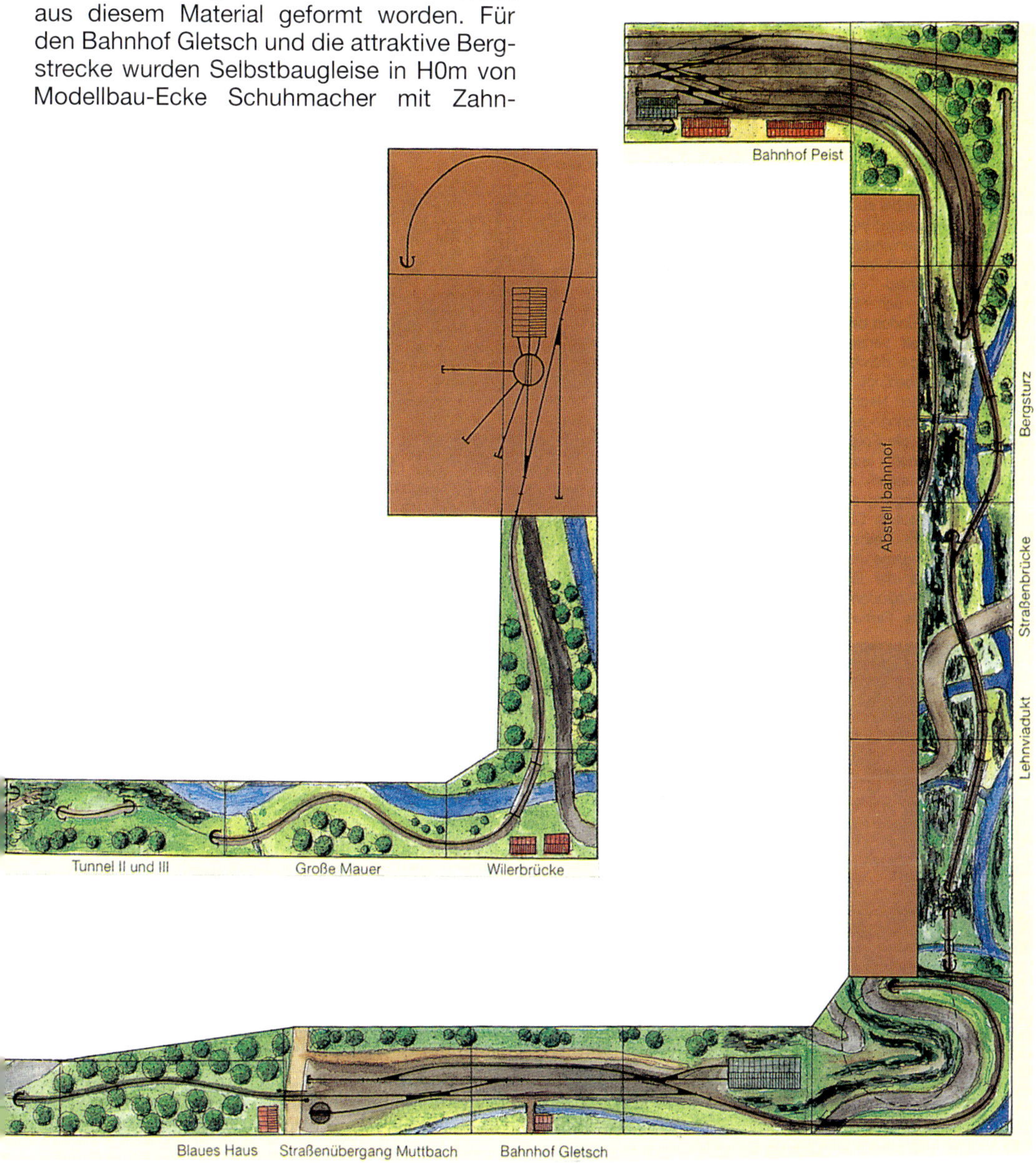

Typisch für viele schweizerische Fußgängerbrücken: Die mit Überdachung versehene Holzbrücke, die gerade von einem Zug der FO unterquert wird.

Rest sind Bahnhofs-, Abstell- und Wendeschleifengleise. Auf der Bergstrecke herrschen Neigungen von maximal 110 ‰. Dabei sind die Ausweichstellen vorbildgetreu mit Abtschen Weichen ausgerüstet. Insgesamt überwindet dieser Streckenabschnitt über 850 mm Höhenunterschied. Auf die Nachbildung einer Oberleitung wurde aus Gründen der Handhabungssicherheit verzichtet. Im Tal wurden lediglich die Oberleitungsmasten aufgestellt. Die Gebäude wurden teilweise nach Fotografien selbst hergestellt oder aus Bausätzen der Firma Haberl & Partner gebaut.

Fahrzeuge

Der überwiegende Teil der Triebfahrzeuge und Wagen stammt von Bemo. Einzelne, spezielle Fahrzeuge der DFB kommen vom schweizerischen Kleinserienhersteller Ferro-Suisse. Große Probleme gab es beim Zahnstangenbetrieb. Durch die Verwendung von Fahrzeugen verschiedener Hersteller liefen die Zahnradlokomotiven mit unterschiedlicher Qualität im Gleis. Durch Vereinheitlichung der Antriebe aller Maschinen und die Verwendung nur eines Zahnstangensystems wurden diese Mängel beseitigt.

Für die Bergstrecke wurden Wagen im Selbstbau angefertigt oder aus handelsüblichen Modellen umgebaut. Die Lokomotive HG 2/3 Nr. 6 der Weißhornbahn ist eine Eigenbauschöpfung eines Klubmitglieds.

Eigenbau-Zahnradlokomotive „Weisshorn“ mit einem PmG aus Bemo-Wagen auf dem Weg nach Gletsch im Tal der Schwarzen Rinne.

Diese Perspektive zeigt den enormen Modellbauaufwand der Münchener Modellbahnfreunde bei der Gestaltung ihrer Anlage.

Auch aus der Hubschraubersicht imposant: Die bergwärts führende Zahnradbahn und die danebenliegende Alpenstraße.

Die berühmte Steffenbachbrücke auf der vorbildgetreuen Modulanlage. Beim Vorbild wird die Brücke im Winter zusammengeklappt und eingelagert.

Die zahlreichen Stützmauern, Viadukte und Tunnelportale wurden vorbildgetreu aus handgravierten Gipsplatten nachgestaltet.

Damit die bereits im Depot von Gletsch bereitstehenden Elektrolokomotiven recht bald unter den Draht kommen, liegen schon Ausrüstungen zur Elektrifizierung bereit.

Eine Diesellok der Furka-Oberalpbahn (FO) führt den Express bergwärts. Wegen der echten Steine in der Moräne sind die Module sehr stabil gebaut.

Anlagen-Kurzporträt
Vorbild: Bergstrecke Oberwald–Realp der Dampfbahn Furka Bergstrecke AG (DFB).
Nenngröße: H0, Zweileiter, Gleichspannung, als 1 000-mm-Spur (H0m).
Gleise: Schuhmacher, Bemo und Ferro-Suisse. Weichenantriebe von Schuhmacher, 34 m Gleislänge, 26 einfache Weichen, 24 doppelte Kreuzungsweichen.
Anlagengröße: 32 Segmente, 800 mm und 1 100 mm breit, etwa 39 m lang.
Geländegestaltung: Gipsüberzug auf Styroporkern, Bäche aus Gießharz, Verwendung von viel Naturgestein zur Nachbildung von Geröllmoränen.
Gebäude: Eigenbauten, Ferro-Suisse und Bausätze von Haberl & Partner.
Fahrzeuge: Überwiegend Bemo, einige Ferro-Suisse-Fahrzeuge, Umbauten und einzelne Eigenbauten.

Sauerländer Originalton

„Witte Muiren un swatte Pöste“, weiße Mauern und schwarze Pfosten, sind die Kennzeichen der charakteristischen Fachwerkarchitektur des Sauerlandes. Auf der Anlage des Modelleisenbahnklubs Hagen spielen Modellhäuser nach originalen Vorbildern aus dieser Region eine große Rolle.

Vorbild

Auf der großen Klubanlage sollte nicht irgendein imaginäres Mittelgebirge andeutungsweise dargestellt werden, sondern es sollten typische landschaftliche und architektonische Elemente des heimatlichen Sauerlandes wiederzufinden sein. Das war die Idee der Mitglieder des MEC Hagen, die dem Bau dieser Anlage zugrunde lag. Wie typisch diese Nachgestaltung den Modelleisenbahnern gelungen ist, zeigte der Ausruf einer Besucherin anläßlich einer Ausstellung: „Guck doch mal, is dat nich unse Haus?“ Ein fürwahr treffendes Lob für die Gestalter dieser Anlage. Über diese hinaus haben einzelne Klubmitglieder Geschmack am Dioramenbau nach heimatlichen Motiven gefunden. Die gekonnten Gestaltungen einzelner Straßenszenen in Vitrinen werden stets bewundernd umlagert.

Anlagenkonzeption

Ausgehend von der Erkenntnis, daß vorbildgetreu lange Züge auch lange Fahrwege brauchen, war man sich von vornherein darüber einig, daß die Sichtfläche dominieren muß. Die Tiefe war nur insofern wichtig, als der darunterliegende Schattenbahnhof vollflächig überdeckt wurde und der 180°-Bogen im rechten Anlagenteil noch genügend Platz fand. Auf einen umfangreichen Bahnhofsbetrieb hat man zugunsten der erwähnten vorbildgetreuen Zugkombinationen verzichtet. Dafür ermöglichen kleine Bahnanschlüsse zum Säge- und Drahtwerk im Vordergrund unabhängig von den großen Zugläufen beschauliche Rangiermanöver.
Die Durchgestaltung der Landschaft und der Ortschaften bis ins Detail war deshalb erklärtes Ziel der Anlagenbauer. Das erforderte größte Sorgfalt nicht nur beim Bau der Gebäude, sondern bei der gesamten Landschaft einschließlich des Flußlaufs.

Anlagenbau

Der Grundrahmen der Anlage besteht aus einem stabilen, zerlegbaren Holzgerüst aus Balken, Querhölzern und Aussteifungen. Das darüberliegende Gelände wurde nach der bewährten Drahtgaze-Gips-Methode gestaltet, das neben der Gewichtsersparnis auch noch den Vorteil bietet, daß das Gelände nach hinten offen bleiben konnte, so daß der Zugriff zu havarierten Zügen leicht möglich ist. Der Oberflächenbewuchs besteht aus etwa 700 Bäumen und Sträuchern, die aus Fliederdolden, Goldruten und Wacholderspitzen entstanden. Damit diese Naturstoffe nicht verbleichen, wurden sie mit einer Mischung aus einem Teil Glyzerin und vier Teilen Wasser imprägniert. Danach wur-

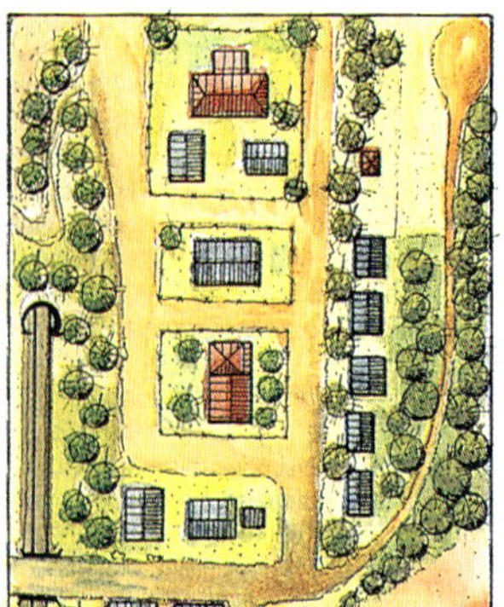

Das sind sie, die weißen Mauern und schwarzen Pfosten. Meisterlich wurden sie den sauerländischen Originalen in H0 nachempfunden.

Zur Modellbahnanlage des MEC Hagen gehört eine Reihe gut gestalteter Dioramen mit Motiven aus dem rheinischen Kohlenpott.

Die Vorteile einer großen Modellbahnanlage, viele freie Ecken, wußten die Hagener gut zur Gestaltung diverser, sehenswerter Motive zu nutzen.

Typisch für die Bergmannssiedlungen des Ruhrgebiets der 30er Jahre: die Klinkermauern mit den gewalmten Dächern. Daneben wurden selbst die kleinsten Ecken für ein Gärtchen genutzt.

den sie – wo notwendig – mit Heki-Flor und anderen Streumaterialien beflockt. Die niedere Flora besteht vorzugsweise aus eingefärbten Filtermatten aus Dunstabzugshauben. Die Felsen sind aus Pappmaché. Dazu wurden möglichst zerklüftete Felsgesteine in einem Gießkasten in Gips abgeformt. In diese Negativform wurden dann in mehreren Lagen Schnipsel aus Zeitungspapier laminiert. Nach gründlichem Trocknen dieser Schicht wurde die Schale ausgeformt, das Laminat felsgrau angestrichen und in die Landschaft integriert. Die dominierenden Gebäude schließlich wurden aus Architekturpappe gebaut und mit Fachwerken aus echtem Furnierholz versehen. Vorher vollzog sich ein recht aufwendiger Prozeß des Fotografierens und Vermessens der Originalbauwerke. Dabei blieb es jedoch nicht. Auf diese Weise wurden ganze Gebäudeensembles im Modell zusammengelassen, bis hin zu den Reklamen und Beschriftungen an den Hauswänden.

Unter der Geländeoberfläche befindet sich ein achtgleisiger Schattenbahnhof, der Züge von 4 m Länge aufnehmen kann. Die Elektrik/Elektronik ist variabel einstellbar, vom Handbetrieb über Teilautomatik bis zum Automatikbetrieb. Selbstverständlich entstehen beim Zerlegen und späteren Wiederzusammenfügen Spalten im Gelände. Da sich diese wohl nie vermeiden lassen, werden sie vor jedem Ausstellungsbeginn wieder fein säuberlich „zugewachsen“ und begrünt.

Fahrzeuge

Naturgemäß ist der Fahrzeugbestand eines so großen Klubs sehr umfangreich. Trotzdem wird epochegerecht gefahren, und zwar in den Epochen III und IV. Insgesamt können pro Ausstellungstag acht verschiedene Zugkombinationen mit etwa zwölf Triebfahrzeugen und 150 Wagen vorgeführt werden. Für weiteren Kombinationen stehen etwa noch zweimal so viele Fahrzeuge zur Verfügung.

Anlagen-Kurzporträt
Vorbild: Eisenbahnen im Sauerland und im Ruhrgebiet, Epoche III.
Nenngröße: H0, Zweileiter, Gleichspannung.
Gleise: Roco-Flexgleise und Weichen, eingeschottert. Gleislänge etwa 120 m, 32 Weicheneinheiten.
Anlagengröße: 11,80 × 2,60 m.
Geländegestaltung: Drahtgaze-Gips-Gelände, Filtermatten und Naturmaterialien für Oberflächenbewuchs.
Gebäude: Vorwiegend landestypische Eigenbauten, wenige Industrieumbauten.
Fahrzeuge: Dampf- und Diesellokomotiven sowie Triebwagen der Epochen III und IV von verschiedenen Herstellern.

Der Bahnanschluß der kleinen Drahtfabrik im Tal hat auch schon bessere Tage gesehen als täglich eine Zuführung.

Gut beobachtet und sachkundig nachgestaltet, die zweigleisige Brückenüberführung mit zwei getrennten Überbauten und verschwenktem Gleis.

Die Straßenzüge, die der Anlage ihr Motto gaben, sind nicht nur sehr gut gebaut, sondern auch dem Vorbild bis ins Detail getreu nachgestaltet.

Die Modell-Preußen

Am 29. Oktober 1838 fuhr zum erstenmal eine Eisenbahn von Berlin nach Potsdam und eröffnete damit ein bedeutendes Kapitel in der preußischen Eisenbahngeschichte. Genau 150 Jahre später stellte der Modelleisenbahnclub Potsdam anläßlich der 150-Jahrfeier dieses Ereignisses sein Diorama vom ersten Potsdamer Eisenbahnhof in der Nenngröße H0 vor.

Vorbild

Über die erste Eisenbahn von Berlin nach Potsdam ist in den Archiven verhältnismäßig viel zu finden. So erforschten die Potsdamer Modellbahnfreunde nicht nur die Streckenführung, sondern auch die Bauzeichnungen von Belliot und die Tageszeitungen um 1840. Dabei stießen sie auf manche Besonderheit, wie z. B. die Tatsache, daß nicht alle Züge von Dampflokomotiven bewegt wurden. Einzelne Wagen wurden in den Bahnhöfen und auch auf der freien Strecke überwiegend von Pferden gezogen. Daher zierten umfangreiche Dunghaufen das Terrain um den Pferdestall. Auch erfolgten die Umbauten des Empfangsgebäudes nicht auf Veranlassung der Bahngesellschaft, sondern des Wirts der Bahnhofswirtschaft.

Alle diese historischen Unterlagen bildeten eine solide Grundlage, ein gesellschaftlich zeitgerechtes Bild jener Tage zu gestalten.

Anlagenkonzeption

Ursprünglich war vorgesehen, das Diorama des Bahnhofs rechts und links mit Wendeschleifen zu versehen und das Ganze betriebsfähig zu gestalten. Dann wurden aber die Probleme, ausstellungssicher laufende Modellokomotiven und -wagen in dieser Größe zu bauen, schier unlösbar, so daß man sich auf die exakte Darstellung des Bahnhofsareals beschränkte, bei dem zwar die Lokomotiven und Wagen rollfähig, aber nicht betriebsfähig sind. Weitere, nicht vorhersehbare Hürden stellten sich bei der Bearbeitung der Originalunterlagen ein: die Umrechnung von Ruten und Fuß in das metrische Maßsystem. Dabei entdeckten die Modellbahnforscher, daß die Angaben über Bahnanlagen und Hochbauten dem preußischen Maßsystem folgten, die der Fahrzeuge jedoch dem englischen – schließlich war England das Mutterland der Eisenbahn.

Das Empfangsgebäude des ersten Potsdamer Bahnhofs von der Straßenseite gesehen. Die Dachterrasse war zum Winken gedacht.

Anlagenbau

Die Absicht, das Diorama ausschließlich für den Ausstellungsbetrieb zu bauen, erforderte einen stabilen und verwindungssteifen, jedoch leichten Unterbau. Bei einer Fläche von 1,5 m² war das nicht ganz einfach zu lösen. Doch die Erfahrungen eines Schreiners und Sargtischlers in den Reihen des Klubs zauberten schließlich einen sauber und geschickt gebauten Rahmen auf die Böcke, der allen Ansprüchen gerecht wurde. Das ebene Bahnhofsgelände und die ebenfalls flache Umgebung stellten keine großen Ansprüche an die Geländegestaltung. Hier fanden vorwiegend handelsübliche Grasmatten, gesiebter Vogelsand und feingemahlener Splitt Verwendung. Die Weichen wurden vorbildgerecht als zungenlose Schleppweichen gebaut, die sogar von Hand stellbar sind. Dasselbe trifft auf die Wagendrehscheibe im östlichen Bahnhofsbereich zu. Die Gebäude wurden aus 3 mm dickem Sperrholz ausgesägt und mit einem Gemisch aus Gips und Vogelsand geputzt. Als Gleismaterial fand Pilz-H0-Gleis mit den etwas kleineren TT-Schienen Verwendung.

Fahrzeuge

Der Fahrzeugbau war der umfangreichste Teil des Vorhabens, mußten doch alle Modelle selbst angefertigt werden, da handelsüblich nichts Passendes vorlag. Selbst die Radsätze mußten selbst hergestellt werden.

Zum Rangieren der wenigen Lokomotiven dienten Schleppweichen, deren zungenlose Stellvorrichtungen beim H0-Modell vorbildgetreu nachgebildet wurden.

Ansonsten entstanden die Lokomotiven und die Wagenuntergestelle aus Messingblech und -profilen, einzelne Wagenkästen aus Plastikmaterial oder Pappe. Die Kutschen und die zahlreich flanierenden Herrschaften stammen von Preiser, was bei der Beschaffung im Jahre 1988 auf arge Schwierigkeiten stieß.

Anlagen-Kurzporträt
Vorbild: Berlin-Potsdamer Eisenbahn um 1840.
Nenngröße: H0, nicht betriebsfähig.
Gleise: Pilz-H0-Gleis mit TT-Schienen, eingeschottert, zungenlose Schleppweichen ohne Antrieb.
Anlagengröße: 1 400 × 1 100 mm.
Geländegestaltung: Polystyrolplatten mit einem Überzug aus Grasmatten, Sand und Erdgemisch.
Gebäude: Einbauten aus Sperrholz, ohne Inneneinrichtung,
Fahrzeuge: Zwei Lokomotiven, zehn Wagenmodelle als Personen- oder Platten-(Kutschen-) Wagen.

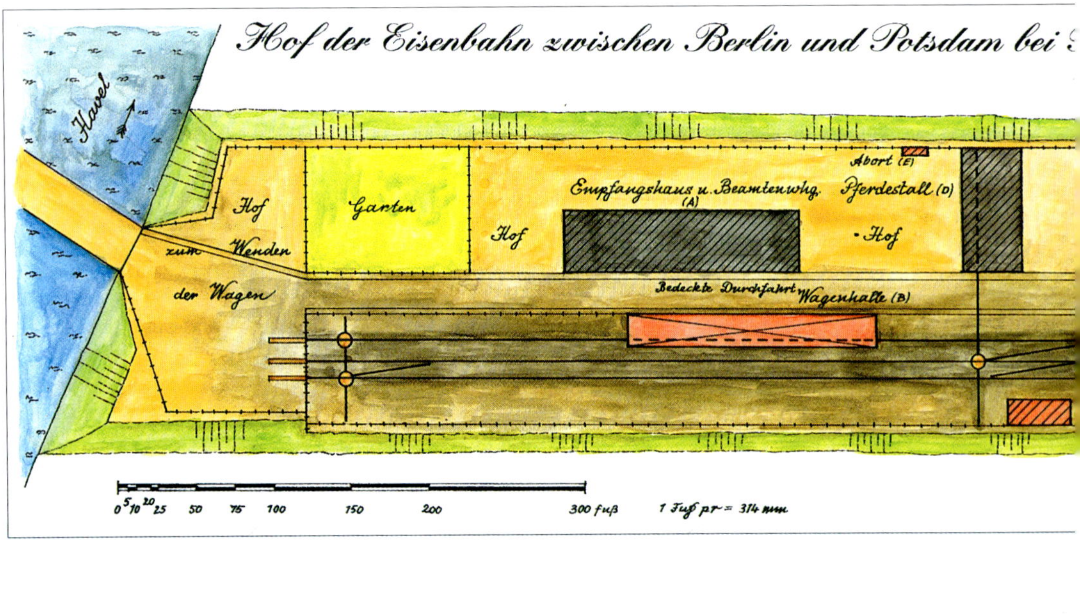

N
fromm - 1990

Aus Platzgründen und wegen der einfachen Bewegungsmöglichkeiten waren zahlreiche Wagendrehscheiben auf dem Bahngelände eingebaut.

Soeben verläßt ein Personenzug den Potsdamer Bahnhof in Richtung Berlin. Weil viele Wagenbewegungen noch mit Pferden vorgenommen wurden, sind die Stallungen beachtlich.

TT-Träume

Zum Erzgebirge gehört das Basteln genauso wie der Geschenkesack zum Weihnachtsmann. Ob ihm als Erzgebirgler die Bastelfähigkeiten schon in die Wiege gelegt wurden, will Bernd Neubert aus dem sächsischen Neuwürschnitz nicht behaupten, daß aber der Großvater um die Weihnachtszeit mit einer großen Spur-0-Anlage jedes Jahr seinen Enkel in Begeisterung versetzte, daran kann er sich gut erinnern. Sicher einer der Hauptgründe für die Modellbahnleidenschaft des jungen Werkzeugmachers.

Vorbild

Ein konkretes Vorbild hat die knapp 9 m^2 große Anlage nicht, aber natürlich erinnert die Landschaft an die vor der Haustür liegenden Berge und Wälder des Erzgebirges und des Vogtlandes. Dabei hat sich der Erbauer jeder schroffen und steil aufragenden Felswände enthalten, sondern lieber den Weg über sanfte Hügel und durch altsächsische, schiefergedeckte Kleinstadtidylle gewählt, weil das mehr seiner Mentalität entsprach. Nur eine Burg auf hoher Kuppe hat im Vorbild keine Analogie gefunden. Das Bahnbetriebswerk jedoch mußte sein. Nachdem der jugendliche Neubert einen halben Tag lang dem Treiben im nahegelegenen Bw Chemnitz zugesehen hatte, war die Drehscheibe mit dem fünfständigen Lokschuppen der Kern seiner Anlagenkonzeption.

Anlagenkonzeption

Für den Aufbau einer Modellbahnanlage stand im elterlichen Einfamilienhaus ein Dachboden zur Verfügung, der, nachdem er

Mit der ex 110 ins Erzgebirge. So fleißig wie die Originale zu DR-Zeiten, sind auch die TT-Modelle auf der Neubertschen Zimmeranlage.

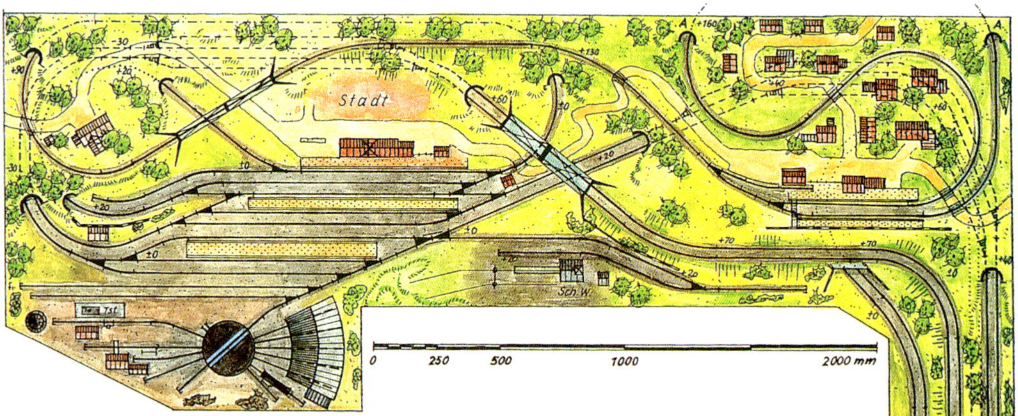
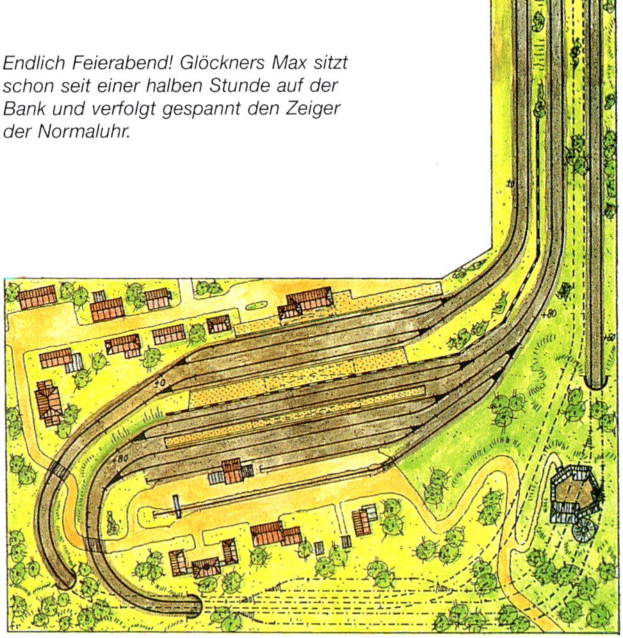

Endlich Feierabend! Glöckners Max sitzt schon seit einer halben Stunde auf der Bank und verfolgt gespannt den Zeiger der Normaluhr.

ausgebaut worden war, eine Grundfläche von etwa 4 000 × 4 000 mm bot. Abzüglich der Türfreiheit und einiger Freiräume, die man nun einmal neben einer solchen Anlage braucht, blieb eine Fläche von etwa 9 m^2, die es sinnvoll zu nutzen galt. Erste Planungen in der Nenngröße H0 führten zu keinen befriedigenden Ergebnissen: Die Radien wurden zu eng und wirkten zu spielzeughaft. Das Angebot an N-Fahrzeugen und Gleisen war zum Zeitpunkt der Planung fast auf dem Nullpunkt, so daß schließlich nur die damals schon recht verbreitete „Spur der goldenen Mitte“, die Nenngröße TT, blieb. Hier bot sich entlang den beiden Seitenwänden der Dachkammer an, lange Paradestrecken für vorbildgerecht lange Züge zu planen, und links hinter der Tür war noch so viel Platz, daß das gewünschte Bahnbetriebswerk ordentlich eingerichtet werden konnte. Natürlich gibt es im Geschlängel der zweigleisigen Hauptbahn mit zwei Durchgangsbahnhöfen die berühmte abzweigende Nebenbahn ins Gebirge. Weil aber auch auf dieser Stichbahn ein Rundumverkehr möglich sein sollte, wurde die Spanplattenwand durchbrochen und im unausgebauten Bodenraum eine Wendeschleife angeordnet.

Anlagenbau

Die Anlage ruht, wie in den meisten Fällen von solchen Zimmeranlagen, auf einem soliden Balken- und Lattengerüst, das allen Belastungen standhält und trotzdem den Wärmespannungen keine unüberwindlichen Hindernisse entgegensetzt. Leider hat der Erbauer dieses Gerüst „für die Ewigkeit" errichtet, wie sein Sohn kritisch vermerkte. So ist weder an eine Zerlegbarkeit, etwa für Ausstellungszwecke, noch an ein Auswechseln einzelner Anlagenteile gedacht worden. Dafür ist die Anlage außerordentlich betriebssicher, da es keine äußeren Einwirkungen gibt, die zu einem Schienen- oder Kabelbruch führen könnten. Die Anlagengestaltung ist typisch für die DDR der 80er Jahre. Das Gelände besteht aus einem Drahtgeflecht auf Sperrholzspanten, welches mit einer Schicht aus Gips-Leim-Streumehl-Gemisch überzogen wurde. Die Grünflächen sind zumeist Grasmatten der damaligen Firma Scheffler und die Bäume handelsübliche Erzeugnisse aus dem VERO-Sortiment. Die Gebäude lieferte Auhagen in guter Qualität und in ausreichender Menge; bis auf einen Lokomotivschuppen. Diesen und eine gut funktionierende Drehscheibe mußte sich der Erbauer selbst zusammenbasteln. Die Gleise schließlich bestehen aus dem TT-Standardsystem, das zwar überhaupt nicht vorbildgetreu, dafür aber recht robust und stabil ist. Die Oberleitung wiederum ist im Eigenbau entstanden und sogar betriebssicher.

Fahrzeuge

Insgesamt gehören 34 Triebfahrzeuge und mehr als 150 Wagen zu den Neubertschen TT-Träumen. Da ist es schon verständlich, daß der Erbauer und sein Sohn sich um den Fortbestand und die Innovationsabsichten der TT-Bahnindustrie Sorgen machen. Zu dem Bestand gehören auch einige Lokomotivumbauten, wie eine BR 50, die aus einer BTTB-23er entstand, und eine BR 81, für die eine 80er Maschine ihr Leben lassen mußte. Die Planvorhaben des Erbauers sind prall gefüllt: Umrüsten der Wagen auf Metallräder, Einbau von Glockenankermotoren in die Triebfahrzeuge und Umstellen der Weichenantriebe auf motorische Kraftübertragung.

Erstaunliche Typenvielfalt in TT. Auf der Eigenbaudrehscheibe des Dampflok-Bw steht eine Umbaumaschine BR 50, die aus einer 23er entstand.

Ein typisches Nachwende-Thema: Auch am Sägewerk wird die Straße aufgerissen. Was die Bauarbeiter jedoch suchen, bleibt unbekannt.

Bei Minol ist das Benzin wohl zu teuer. Deshalb der spärliche Verkehr an der Tankstelle.

Eng geht's auf der Neubertschen Anlage zu, doch gekonnt meistert der Erbauer das Problem.

Anlagen-Kurzporträt
Vorbild: Kein konkretes Vorbild, jedoch stand das sächsische Mittelgebirge Pate.
Nenngröße: TT, Zweileiter, Gleichspannung.
Gleise: TT-Standardgleis mit unterflur verlegten Antrieben, mehr als 60 m Gleise, 42 einfache Weichen und eine DKW, Drehscheibe selbst gebaut.
Anlagengröße: 4 000 × 4 000 × 2 400 mm Kantenlänge, größte Tiefe 1 500 mm.
Geländegestaltung: Drahtgaze-Gips-Gerüst mit Grasmatten und Streumehl.
Gebäude: Vorwiegend Auhagen-Modelle bis auf wenige Eigenbauten.
Fahrzeuge: Ausschließlich BTTB-Zeuke-Fahrzeuge, einige Umbauten.

Auf der Ladestraße pulsiert das Leben in TT. Während die Kiesfirma noch W 50 fährt, haben die Rohrtransportleute bereits westlich investiert.

Ausschlacken muß sein. Da aber die Rauchkammertür der 92 6502 bereits wieder geschlossen ist, scheint die Dreckarbeit vorüber zu sein.

Die 254 der DR kann sich freuen: Sie erhält vorbildgetreu ihren Strom aus der sauber verlegten Oberleitung in TT.

Ausflug mit der Waldeisenbahn

Mit der Muskauer Waldeisenbahn ist es wie mit vielen aufgelassenen Klein- und Nebenbahnen: Solange sie fuhr, kümmerte sich kaum jemand um ihre nostalgischen Schönheiten. Erst als sie nicht mehr existierte, pilgerten jährlich Tausende zu ihren liebenswerten Relikten.
Andreas Ehnert aus Krauschwitz erlebte die Bahn noch als Kind vor der Haustür und setzte ihr auf seiner Kleinanlage ein wunderschönes Denkmal.

Vorbild

Der Betrieb der Waldeisenbahn Muskau (WEM) begann mit einer 5 km langen Pferdeeisenbahn für den Kohletransport zwischen einer Kohlengrube bei Krauschwitz und einer Schütt-Ladestelle bei Muskau. Von dort wurde die Kohle mit Pferdewagen zu mehreren Betrieben der Standesherrschaft des Grafen Arnim von Muskau geschafft. Der Pferdebetrieb reichte bei den Neigungen und dem wachsenden Kohlebedarf bald nicht mehr aus, weshalb sich der Graf zum Anlegen einer Schmalspurbahn mit 600 mm Spurweite entschloß. 1898 hatte die Bahn eine Betriebslänge von 29 km, die sich im Laufe der Jahre bis auf 80 km erweiterte. Bis 1945 nannte sich die Bahn offiziell Graf Arnimsche Kleinbahn, danach unterstand sie der Deutschen Reichsbahn. Für die Einheimischen aber war sie stets die Muskauer Waldeisenbahn.

Anlagenkonzeption

Die hier vorgestellte Modelleisenbahn hat neben ihrer Einmaligkeit eine große therapeutische Wirkung: Als der 17jährige Andreas Ehnert 1983 einen Badeunfall erlitt, bei dem er sich einen Halswirbel brach und der zur Querschnittslähmung führte, brach für den Jungen, der gerade eine Schlosserlehre im Raw Cottbus begonnen hatte, eine Welt zusammen. Mit ungeheurer Energie begann er, an einer kleinen Modellbahnanlage zu bauen und verwendete dazu Themen der heimatlichen Waldeisenbahn. Sieben Jahre

Touristenattraktion auf der Waldeisenbahn Muskau: Ausflüge in offenen Feldbahnwagen durch das ausgedehnte Waldgebiet.

Die himmelblau lackierte V 10 C mit 600 mm Spurweite war in den 60er Jahren bei der WEM abgestellt, gehörte ihr jedoch nicht.

Zum Schüttgutumschlag von der Straße auf die Schiene wurden zahlreiche Rampen im Waldgebiet der WEM eingerichtet.

Ein berühmtes Motiv: Günter Meyer hatte einst den Lokschuppen der WEM so fotografiert. Andreas Ehnert baute ihn detailgetreu nach.

brauchte er für die Gestaltung einer 1 850 × 900 mm großen Fläche und machte dabei derartige Fortschritte bei der Überwindung seiner Lähmung, daß die Ärzte den Modellbau als eine der besten Therapien bezeichneten.

Anlagenbau

Wegen der Schmalspurgleise für die 750-mm-Schmalspurbahn von technomodell (H0e) mit einer Spurweite von 9 mm und der dem Vorbild zugrundeliegenden Spurweite von 600 mm ergab sich für den Anla-

Bimmelnd und pfeifend poltert die kleine Waldbahnlokomotive über die zahlreichen Überwege im Muskauer Kiefernwald.

Unten:
Waldbahnidylle in 1:66,6. Die Gestaltung ist besonders erwähnenswert, da der 29jährige Erbauer querschnittsgelähmt ist.

genbau der ungewöhnliche Maßstab von 1:66,6. Das bedeutete, daß alles im Eigenbau entstehen mußte, auch die Figuren.
Für den Unterbau stellte Vater Ehnert einen solide gezimmerten Rahmenkasten zur Verfügung. Darauf entstand der Untergrund aus Wellpappe, einem Gips-Leimgemisch und aus Resten von Verpackungen aus Styropor. Die Grasflächen entstanden zum Teil aus handelsüblichen Matten, aber auch aus Moosen, Flechten und anderen Naturprodukten, die Andreas bei Ausflügen im Wald fand. Diese Ausflüge häuften sich, denn für den charakteristischen Kiefernwald sollten mehr als 330 Goldrutenrispen und Moose ausgesucht werden. Dazu kamen Ausflüge mit dem Rollstuhl und dem väterlichen Kleintransporter zum Betriebshof Tiergarten Ost und zu den Resten des ehemals ausgedehnten Streckennetzes. Die Anpflanzung des Waldes dauerte Jahre. Dabei wurde jede Goldrutenrispe in Glyzerin konserviert und am Stamm und in der Krone farblich behandelt. So entstand ein in seiner Vorbildtreue erstaunlich dichter Kiefernwald. Auch die Gebäude wurden vorbildgetreu (nach Zeichnungsunterlagen oder Fotografien) nachgebaut, wobei vorwiegend Sperr- und Furnierhölzer Verwendung fanden. Als Andreas Ehnert für seine auf WEM-Touch umgebauten technomodell-Weichen keine passenden (und vor allem preiswerten) Antriebe fand, baute er sie selbst, mit Endabschaltung und Spannungsversorgung der Herzstücke.
Als Nostalgieerlebnis unternimmt die Waldeisenbahn, auf der es nie Personenverkehr gab, von Zeit zu Zeit Sonderfahrten mit umgerüsteten O-Wagen. Eine solche Situation hat sich der Erbauer zum Vorbild seiner Betriebsführung genommen.

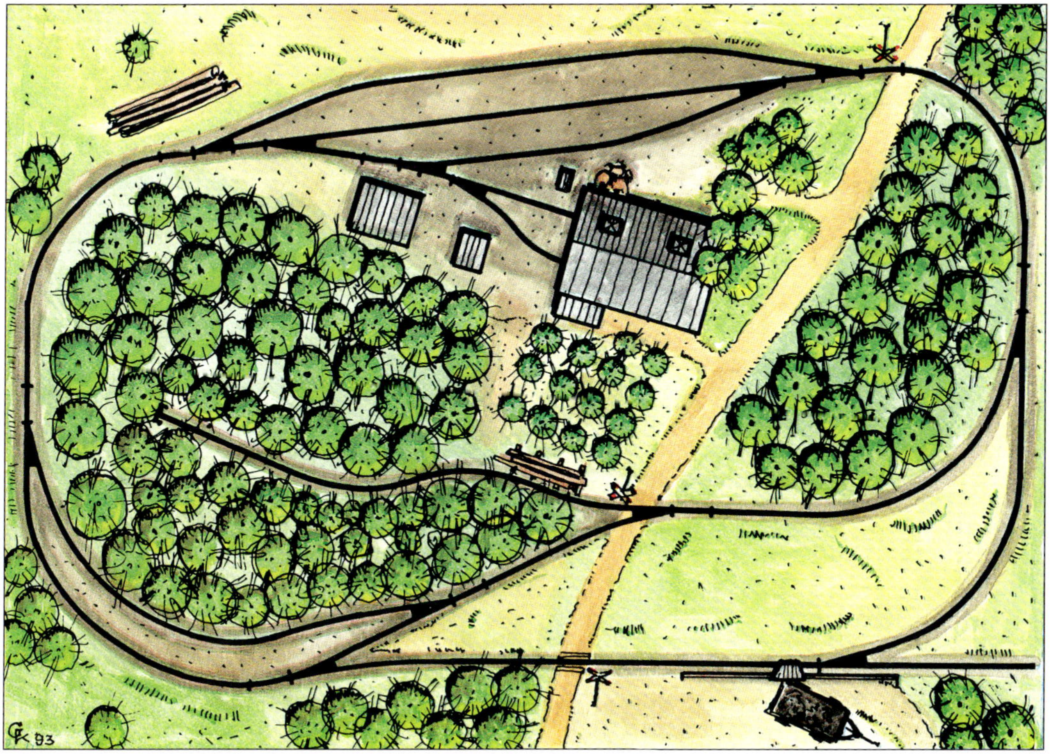

Fahrzeuge

Die Fahrgestelle der Lokomotiven stammen von Fleischmann und Minitrix. Die Aufbauten wurden aus Pappe und Kunststoff nachgebildet. Die Wagen sind selbstgebaute Nachbildungen der Wagengruppe 03 der WEM unter Verwendung von Minitrix-Drehgestellen. Insgesamt verkehren drei Dampf- und eine Diesellokomotive sowie zehn O-Wagen auf der Anlage.

Anlagen-Kurzporträt

Vorbild: Strecke Nr. 5 der Waldeisenbahn Muskau (WEM) von Gora-Weiche nach Köbeln.
Nenngröße: Etwa S, 600-mm-Feldbahn auf 9-mm-Gleis (H0e), Maßstab 1:66,6.
Gleise: H0e-Gleise von technomodell mit selbstgebauten Weichenantrieben, etwa 7,80 m Gleis und 10 Weichen.
Anlagengröße: 1 850 × 900 mm.
Geländegestaltung: Wellpappe und Styropor mit Grasmattenüberzug und Gips-Leimgemisch, Streumaterial und viele Naturmaterialien, Bäume aus Goldruten.
Gebäude: Eigenbau aus Sperrholz, Furnier und Pappe.
Fahrzeuge: Eigenbauten auf Basis von Modellen von Minitrix und Fleischmann-piccolo.

Die Feldbahnlokomotive mit dem typischen Kobelschornstein entstand aus Pappe, Draht und Suralin auf einem Minitrix-Fahrwerk.

In Rübezahls Reich

Das Riesengebirge hat die Menschen stets in seinen Bann gezogen. Nicht nur wegen des sagenhaften Rübezahls, sondern vor allem wegen seiner landschaftlichen Reize. Eisenbahnfreunde reizen besonders die Bahnen im Riesengebirge. Lothar Ewald aus Berlin schuf sich Rübezahls Reich in N.

Vorbild
Als im Jahre 1862 auf dem Gebiet der damaligen Direktion Breslau der Preußischen Staatsbahn der Bau der schlesischen Gebirgsbahn begann, ahnte noch niemand etwas von der wechselvollen Geschichte, die dieser Bahn bevorstehen sollte. Von der Strecke Kohlfurt–Lauban–Ruhbank–Dittersbach–Waldenburg zweigt eine Nebenbahn ab, die mitten in Rübezahls Reich führt.
Als Lothar Ewald in den 80er Jahren anläßlich einer Sonderfahrt den tschechischen Teil dieser Bahn kennenlernte, setzten die landschaftlichen und eisenbahntechnischen Reize dieser Region sein Modellbahnerherz sofort in Flammen. Der Wunsch einiger Teilnehmer dieser Exkursion, den polnischen Teil der Bahn kennenzulernen, bestärkte die Absicht, dieser interessanten Eisenbahn im Modell ein Denkmal zu setzen.

Anlagenkonzeption
Aus Platzgründen und weil bereits einiges rollendes Material aus der kläglichen N-Bahn-Produktion in der DDR zur Verfügung stand, entschloß sich Lothar Ewald für den Anlagenbau in dieser Nenngröße. Die Streckenführung sollte typisch „riesengebirgisch“ sein, mit vielen dunklen Tannenwäldern und den charakteristischen Triebfahrzeugen auf der Strecke. Besonders letzteres schien auf unlösbare Probleme zu stoßen, mußten doch alle Fahrzeuge mangels vorhandener Modelle selbst angefertigt werden. So wurde der Gleisplan bewußt einfach gehalten, und er stellt im Grunde ein großes Oval dar, dessen hintere Gerade zwei hinter den Anlagenbergen verborgene Schattenbahnhöfe beinhaltet. Ebenfalls aus Platzgründen wurde die Anlage in drei Segmente unterteilt, die für gewöhnlich auf dem Schrank in einem Gestell untergebracht werden, denn die Anlage bleibt nicht ständig aufgebaut.

Anlagenbau
Der Grundkörper der Segmente besteht aus einem offenen Rahmengerüst, auf das mittels Abstandsklötzchen die Trassenbretter geschraubt wurden. Die Landschaft besteht aus handtellergroßen Zeitungsschnipseln, die mit Knochenleim in mehreren Lagen verklebt wurden. Die lange Trockenzeit des Leims ermöglichte eine beschauliche Geländegestaltung. Am Ende ist alles knochenhart und trägt sich selbst, ein Umstand, der der Stabilität und dem geringen Gewicht der Segmente zugute kommt. Nach dem Einfärben des Geländes mit erdbrauner und grüner Farbe wurde die Vegetation mit Hilfe von Streumehl und gefärbtem Sand nachgebildet. Auch Tee- und Kaffeerückstände wurden als Gräser und Schotter wiederverwendet. Die Hochwaldflora entstand vorzugsweise aus Goldruten und anderen am Wegesrand wachsenden Unkräutern. Diese Pflanzen wurden nach entsprechender Vorbehandlung dicht gedrängt in den Boden gesteckt. Weil die Baumkronen noch nicht geschlossen genug erschienen, wurden die Zwischenräume mit einzelnen Dolden und kleingeschnipseltem Blütenbrei ausgefüllt.

Der Bahnhof Polaun ist gleich erreicht. Die Nähe des Kleinstadtbahnhofs zeigt sich an den zahlreich gewordenen Spaziergängern.

Am Endpunkt der Riesengebirgsbahn gibt es in dem kleinen Bahnbetriebswerk Kohle und Wasser für die fleißigen Dampflokomotiven.

Der Waldreichtum der Region in den 30er Jahren prägt auch das Anlagenumfeld des Bahnhofs Polaun in der Nenngröße N.

Fahrzeuge

Alle Triebfahrzeuge entstanden durch umfangreiche Umbauten aus Piko-N-Modellen, lediglich eine im Bahnhof Polaun rangierende T 3 stammt von der Firma Arnold. Neben dem bekannten ET 89, genannt „Rübezahl“, entstanden so die Modelle von zwei ET 88 und verschiedene Wagenumbauten, um auch diesen Teil der Bahn epochegerecht auszuführen. Die Farbgebung des ET 89 in rot-elfenbein entspricht der Epoche II, genau wie die Zurüstung mit einem Bi-24-Personenwagen im gleichen Look.

Gleich zweimal baute Lothar Ewald den ET 89, der wegen seines Lokaleinsatzes den Namen des Riesengebirgsherrschers erhielt.

Morgenstimmung im Bahnhof Dittersbach. Der ET 88 entstand aus einem Arnold-Abteilwagen auf einem N-Fahrgestell von Piko.

Gekonnt wurde auf der Anlage mit viel Naturmaterialien die dräuende Finsternis der endlosen Tannenwälder nachgestaltet.

Anlagen-Kurzporträt

Vorbild: Bahnen im Riesen- und Isergebirge um 1930.
Nenngröße: N, Zweileiter, Gleichspannung.
Gleise: Piko N-Gleis, etwa 18 m und 16 Weichen.
Anlagengröße: 4 080 × 770 mm, in drei Segmente zerlegbar.
Geländegestaltung: Geländehaut aus Knochenleim und Zeitungspapier in mehreren Lagen, Flora aus Goldruten und handelsüblichen Bäumen.
Gebäude: Eigenbau nach Fotografien, Material: Pappe.
Fahrzeuge: T 3 von Arnold, drei Triebwagen aus umgebauten Piko-Modellen, Wagen verschiedener Hersteller.

Auf dem Weg nach Hirschberg überquert der „Rübezahl" einen Wanderweg, der in diesen frühen Morgenstunden noch wenig begangen wird.

Die sprichwörtliche Armut der Region um die Jahrhundertwende schlägt sich auch in den Motiven der Anlage nieder. Schwer war das Leben der Holzfäller.

Die sagenumwobene Bergwelt des Riesengebirges hat es dem Erbauer angetan. Das gelingt ihm mit solch einfachen Mitteln wie diesem „Hexenhäuschen" aus Holz.

Neben dem „Rübezahl" verkehrten auf der Strecke noch Triebwagen ET 88, ein Fahrzeugtyp, der ursprünglich für die Berliner S-Bahn vorgesehen war.

Saarland in N

Das Saarland ist nicht nur für seine ausgedehnten Industriereviere und Kohlengruben bekannt, sondern auch für die landschaftlich reizvollen Regionen entlang der Saar.
Der Verein der Modellbahnfreunde Bexbach e.V. hatte es jedoch bei seiner N-Anlage auf die Reviere des Schwarzen Goldes abgesehen: große Flächen und kleine Bahn, so recht dazu geeignet, nicht mit dem Platz sparen zu müssen.

Vorbild
Mitten in einem der berühmtesten Kohlengebiete Deutschlands liegt am Südhang des Pfälzer Berglandes die Industriegemeinde Bexbach. Bereits zur Länderbahnzeit baute die Pfalzbahn hier eine Strecke zwischen Homburg und Neunkirchen, um die ständig anwachsenden Steinkohletransporte bewältigen zu können. Ein Schaubergwerk am Fuße des Höcher Berges kündet noch heute vom Glanz des Schwarzen Goldes in vergangenen Tagen.

Anlagenkonzeption
Bis Anfang der 50er Jahre war gegenüber dem Bahnhof Bexbach noch eine sogenannte Kohlenwäsche in Betrieb. Dieser Zeitpunkt etwa liegt der Anlagenplanung der Modelbahnfreunde zugrunde. Am Anfang stand also besagte Kohlenwäsche, die mit ihren 16 Gleisen nur in der Nenngröße N annähernd vorbildgetreu nachzubilden war. Doch das war nur die eine Seite der Medaille. Lange Züge verlangten lange Fahrstrecken, schließlich konnte man nicht nur im Umfeld dieser Industrieanlage „herumhobeln“. Da kam ein Klubmitglied auf die Idee, die Kompaktanlage des Bahnhofs Bexbach und der Kohlenwäsche mit einer ausgedehnten Modulanlage zu verbinden. Diese bietet neben den Vorteilen der Darstellung reizvoller Land-

Die im Einschnitt liegende Einfahrtskurve zum Bahnhof Bexbach wird heute mit modernen E- und Diesellokomotiven befahren.

Am Rande des großen Bahnhofsterrains entstanden zahlreiche stimmungsvolle Schuppenidylle, wie sie die Bahn nun einmal mit sich bringt.

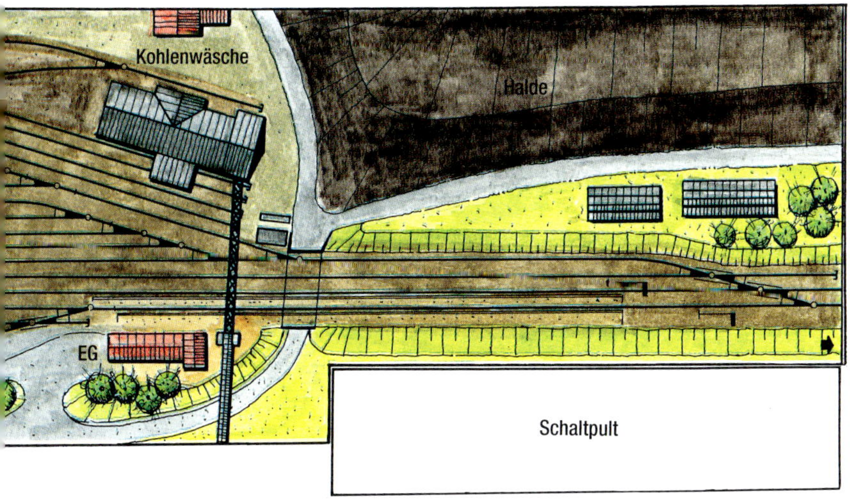

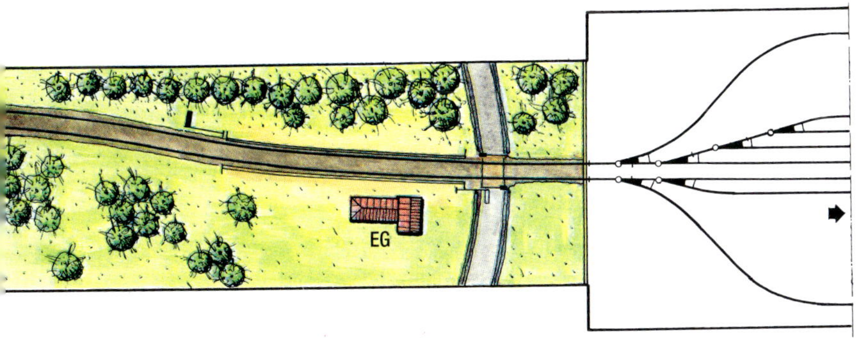

Das Vorfeld der Kohlenwäsche und der Schrottplatz sind gekennzeichnet von der regen Betriebsamkeit des Saarlandes in den 60er Jahren.

schaften aus der Pfalz die Möglichkeit, durch Veränderungen im Modulteil die Anlage den jeweiligen Platzverhältnissen anpassen zu können. Eine ausgedehnte Schattenbahnhofsanlage hinter dem Bahnhof Bexbach bietet schließlich die Möglichkeit, die Abstellgleise in einer Wendeschleife zu umfahren oder in der Gleisanlage vorbildgetreu lange Züge abzustellen und bei Bedarf aufzurufen.

Anlagenbau

Konventioneller Anlagenbau auf einer großen Platte und Modulbau in einzelnen Abschnitten bilden die Grundauffassung der Bexbacher Anlage. Bei ersterem wurde zwar die große, für die Gestaltung ausgedehnter Industrieanlagen gut geeignete Fläche als willkommen empfunden, jedoch will eine solche Fläche auch beherrscht werden. Nur mit Gleisanlagen war das nicht möglich, und ein Gebäudemodell nimmt in der Nenngröße N keine größere Fläche als 120 cm^2 ein. Dennoch ist es den Modellbahnfreunden aus dem Saarland gut gelungen, Harmonie, Weiträumigkeit und feine Details rund um den Modellbahnhof Bexbach zu vereinen. Dazu mußte vieles selbst gebaut werden, und die meisten handelsüblichen N-Erzeugnisse wurden gekonnt verändert. Die Anlagenteile der freien Strecke wurden ursprünglich als Module geplant. Doch die stets sichtbaren Kanten der Schnittstellen und die Gefahren an den Modulübergangsstellen führten schließlich zu der Erkenntnis, daß bessere, möglichst lange Segmentstücke die Lösung sind. So wurde zwar die dem Modulgedanken innewohnende Idee, alle Anlagenteile freizügig gegeneinander austauschen zu können, fallengelassen, die Vorzüge der Modulbauweise wurden jedoch schöpferisch genutzt: die Darstellung langer Strecken auf relativ geringem Raum mit einer sehr detaillierten Gestaltung des Geländes rechts und links der Eisenbahngleise. Dazu fanden alle Möglichkeiten des modernen Anlagenbaus Verwendung, wie vorbildgetreu eingeschotterte Gleise, Foliagen und Grasmatten sowie Bäume und Büsche aus gedrilltem Draht.

Gebäude

Wenn es auch in der Nenngröße N eine große Auswahl an Fertiggebäuden und Bausätzen gibt, mußten die Bauwerke doch nach konkreten Vorbildern im Selbstbau angefertigt werden. So entstand der riesige Gebäudekomplex der Kohlenwäsche aus Sperrholz und Mauerwerksplatten und das Empfangsgebäude des Bahnhofs Bexbach aus Polystyrolplatten und Halbfertigteilen von Kibri. Mit der Aufteilung ausgewählter Regionen in die Verantwortlichkeit einzelner Klubmitglieder wurde die Kreativität gefördert und einzelne Szenen zu unverwechselbaren Kunstwerken gestaltet.

Fahrzeuge

Bis auf wenige Ausnahmen finden auf der Anlage Industriemodelle aller Hersteller Verwendung, die Fahrzeuge in der Nenngöße N führen. Dabei wurden fast alle Modelle frisiert, also farblich nachbehandelt, gealtert oder gänzlich umlackiert. Hervorzuheben ist die große Betriebssicherheit auf der großen Anlage, eine bei dieser Nenngröße nicht immer selbstverständliche Tatsache. Sie zeugt von der guten Vorbereitung der Modelle auf den anstrengenden Ausstellungsbetrieb durch die Mitglieder. Videoüberwachung des Schattenbahnhofs und die Steuerung über gut funktionierende Fahrtregler lassen die Havariequote auf ein Mindestmaß absinken, ein erlebbarer Vorteil für den Zuschauer.

Anlagen-Kurzporträt
Vorbild: Das heimatliche Bexbach mit Anlagen der Kohlengrube, typische Landschaft der Pfalzbahn.
Nenngröße: N, Zweileiter, Gleichspannung.
Gleise: Roco-Gleise eingeschottert. Insgesamt über 90 m Gleislänge, 45 EW und 4 DKW mit Weichenantrieben von Roco.
Gesamtfläche: 5,10 m Länge, 3,00 m Breite im Bereich der Industrieanlage. Länge des Schattenbahnhofs 5,00 m.
Geländegestaltung: Dünner Gipsüberzug auf einem Styropor-Kern, Streumaterialien und Foliagen von verschiedenen Herstellern.
Gebäude: Vorwiegend veränderte Industriemodelle und Bausätze, einzelne Eigenbauten, wie die Kohlenwäsche und das Empfangsgebäude.
Fahrzeuge: Triebfahrzeuge von Arnold, Fleischmann und Trix, Wagen von Arnold, Fleischmann, Trix und Roco.

Sogar ein bunt lackierter Sonderzug, der regelmäßig mit weintrunkenen Ausflüglern das Saarland durchfährt, wurde im Modell nachgebildet.

Sauber war die Arbeit in der Kohlenwäsche gewiß nicht. Die kleinen Motive zeugen denn auch von echtem Ruß und Dreck.

Jede Ecke der U-förmigen Anlage wurde sinnvoll ausgestaltet, wie hier mit einer Sand- und Kiesgrube nebst Technik.

Lange Rennstrecken für die Schnellzuglokomotiven sind der Inhalt der modulähnlichen Anlagenteile außerhalb des Bahnhofs Bexbach.

Markttag in Tipton Parva

Man kann lange suchen, selbst auf englischen Spezialkarten ist Tipton Parva nicht zu finden. Enttäuscht legt man am Ende der Sucherei den Atlas zur Seite, weil man der Meinung ist, Tipton Parva **müsse** es geben, so vollkommen ist die kleine Nebenbahnanlage des Ehepaars Jane und John Jacobs aus Wessex gebaut worden.

Vorbild

Vorbilder für ähnliche Anlagen hat es in irgendeiner Grafschaft der eisenbahnfreundlichen Insel ganz sicher gegeben, und das Ehepaar Jacobs bestätigt das. Doch auf ein konkretes Vorbild wollen sie sich dabei nicht festlegen, erzählen aber von einer Reise auf einer Schmalspurbahn in Wales. Wegen des ungewöhnlich kleinen Lichtraumprofils auf eben dieser Bahn kontrolliert der Schaffner die Fahrkarten auf den Stationen, da er während der Fahrt nur unter Lebensgefahr auf den Laufstegen der kleinen Abteilwagen entlangturnen könnte; ein Hinauslehnen aus den Fenstern und ähnlicher Leichtsinn würden sich bitter rächen, da die Mauern der Brücken oft nur zentimeterweit von den Fenstern der Abteile entfernt sind.

Anlagenkonzeption

John Jacobs hat die Modelleisenbahn mit in die Ehe gebracht. Mit einem Anlagenmodul, das er Tipton Parva Station nannte, zog der Elektroniker und Nachrichtenspezialist eines Tages mit Jane in die gemeinsame Wohnung. Da dem Modul noch viel an stimmungsvoller Umgebung und vor allem die Gebäude fehlten, versuchte sich die junge Ehefrau zunächst an der Herstellung von Häusern nach typisch walisischer Vorbildern und fand sehr schnell Gefallen daran.
Das Bahnhofsmodul wurde zu einem sehenswerten Anlagenstreifen verlängert und rechtwinklig dazu mit einem „FIDDLE YARD", einem Schattenbahnhof mit einer Gleisharfe, ausgestattet. Hier können bis zu sieben Züge abgestellt und die Lokomotiven über ein Umfahrungsgleis an das andere Ende der Züge umgesetzt werden.

Anlagenbau

Der Anlagentorso des Erbauers bestand, ähnlich wie beim uns bekannten Modulbau, aus einem versteiften Holzrahmen, auf dem die Trassenbretter aus Sperrholz aufgeschraubt waren. Die Landschaftsgestallung war zu diesem Zeitpunkt noch sehr karg. Erst unter der künstlerischen Hand von Jane Jacobs mauserte sich die Anlage schließlich: Es ist Markt in Tipton Parva, und viele Menschen aus der Umgebung kommen mit der Bahn. Die Züge sind meistens Personenzüge mit Güterbeförderung, unseren PmG vergleichbar. Neben der mit viel Einfühlungsvermögen und großem künstlerischen Geschick gestalteten Landschaft beeindrucken besonders die Gebäudemodelle, die der typisch walisischen Architektur nachgebildet

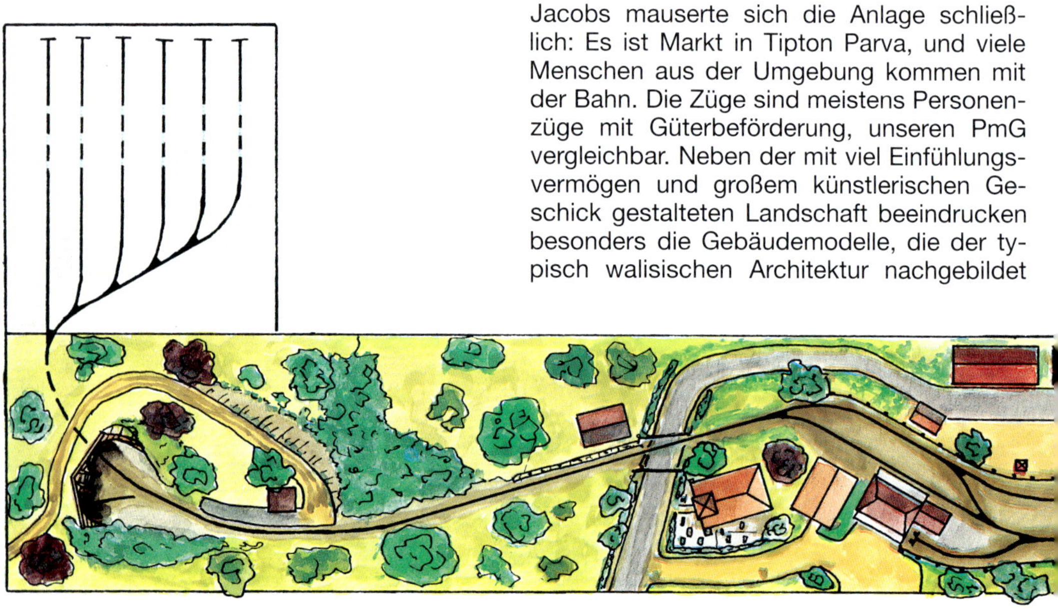

An Markttagen herrscht emsiges Treiben in Tipton Parva, einem Kleinbahnendpunkt in Wales.

Mit viel Intuition und Können einer walisischen Kleinbahn nachempfunden: die B-gekuppelte Satteltank-Lokomotive und die Signale.

wurden. Dafür zeichnet die Ehefrau verantwortlich. Nach Fotos und alten Kalenderblättern fertigte sie zunächst technische Zeichnungen von den Häusern an, die sie dann auf stabilen Zeichenkarton übertrug. Weil es für die mit Klinkermauerwerk errichteten Bauten kein adäquates, handelsübliches Ziegelsteinpapier gab, zeichnete sie alle Fassaden mit Tusche und Deckfarben selbst. Sogar die unterschiedliche Färbung der gebrannten Ziegel wurde dabei berücksichtigt.

Fahrzeuge

Alle Fahrzeuge entstanden im Eigenbau. Für einige Lokomotivmodelle fanden Bausätze britischer Kleinserienhersteller Verwendung, andere wurde als völlige Selbstbauten vorgestellt. Auch an den Bausatzmodellen wurde viel verändert, denn alle Maschinen sollten der konzipierten Vorbildsituation kompromißlos entsprechen. Die Wagenvorbilder entstammen verschiedenen Bahnverwaltungen, haben jedoch alle den gleichen typischen Schmalspurtouch, den die Jacobs unbedingt nachempfinden wollten. Dabei ist der Fahrzeugbau Johns Aufgabe, der er sich mit viel Können unterzieht. Die winzigen Maschinchen werden mit Kleinmotoren aus Fernost angetrieben, die Getriebe sind Eigenkonstruktionen. Der leise Lauf der kleinen Modelle zeugt von dem Können des Erbauers und läßt sogar das Klacken der Schienenstöße hören.

Die Schrankenbalken sind nach englischem Vorbild schwenkbar: parallel zum Gleis bei Zugfahrten, quer dazu bei freigegebenem Straßenverkehr.

Nicht nur das Treiben um das Rathaus ist an Markttagen in Tipton Parva besonders rege, auch auf den Gütergleisen herrscht „many action".

Anlagen-Kurzporträt
Vorbild: Britische Schmalspurbahn in der Grafschaft Wales ohne konkretes Vorbild.
Nenngröße: Narrow Gauge 009, entspricht etwa der kontinentalen Nenngröße H0e, Zweileiter, Gleichspannung.
Gleise: In England handelsübliche Modellschienen auf Holzschwellen, genagelt. Etwa 12 m Gleis, 14 Weichen mit selbstgebauten Unterflurantrieben.
Gesamtfläche: 3 658 × 1 676 mm Kantenlänge, 457 mm tief.
Geländegestaltung: Dünner Gipsüberzug auf einem Kern aus Polystyrol, Oberflächenmaterial von Woodland Scenics.
Gebäude: Selbstbau aller Gebäude, Hoch- und Kunstbauten aus Karton und Pappe.
Fahrzeuge: zwölf Triebfahrzeuge und 25 Wagen, alles Eigenbauten.

Gartenbahn im Winter

Er macht sich nichts aus der Meinung der Leute, der Konditor und LGB-Liebhaber Werner Becker. Schon die Anlage einer ausgedehnten LGB-Gleisführung im Hof-Garten eines Berliner Mietshauses stellte Außergewöhnliches im Mieteralltag dar, und als er diese Anlage dann auch noch überwintern ließ, hielten ihn die Nachbarn für ganz und gar übergeschnappt. Doch die Praxis gab ihm recht: LGB-Anlagen können überwintern.

Vorbild

„Ein büschen Harz und ein büschen Rasender Roland auf Rügen" kommentiert der gebürtige Hamburger die imaginären Vorbilder der Bahn. Dabei hat er die Vorbildlichkeit bewußt umgangen. Zum einen, weil er jede Einengung als persönliche Belastung empfindet, und zum anderen, weil er dann nur ausgewählte Fahrzeuge auf der Anlage zum Einsatz hätte bringen können. Aber genau das wollte er verhindern, wollte jedes Fahrzeug, das ihm gefiel, mit Überzeugung auf der Hof-Gartenanlage verkehren lassen können.

Anlagenkonzeption

Zufälle sind die Schnittpunkte zweier Realitäten, sagt man. Bei Werner Becker schnitten sich die Therapieabsichten seines behandelnden Arztes mit dem Wunsch der Hausbe-

Der Teich wurde extra wegen der Möglichkeit des Baus einer Brücke angelegt. Inzwischen ist sein Wasserinhalt fest in Goldfischchens Flosse.

schon seit langem im Verborgenen, ohne einen rechten Anlaß zur Verwirklichung zu finden. Und daß die Hofverschönerung in Gestalt einer Modellbahnanlage geschehen sollte, war für manchen Nachbarn nicht so einfach nachzuvollziehen. Doch Becker stürzte sich mit viel Elan in die neue Aufgabe und plante eine fast perfekte Hof-Anlage: mit langen Fahrstrecken, einem Teich und einer unterirdischen Abstellanlage. Inzwischen haben sich der Erbauer und seine Nachbarn derart mit der LGB-Bahn im Garten arrangiert, daß Erweiterungen über den Gehweg und den „dicken Baum“ hinweg bereits die Planungsphase verlassen haben.

wohner, den Hof-Garten „etwas hübscher“ zu gestalten. Sein Arzt hatte ihm geraten, seine angeschlagene Gesundheit mit einem kreativen Hobby wieder ins rechte Lot zu bringen und rannte damit offene Türen ein. Die Liebe zur Modellbahn brannte nämlich

Anlagenbau

Was dem Zimmeranlagenbauer das Anlagengerüst, ist dem Gartenbahner der Untergrund. So wurde für den hochgelegenen Bahnhof eine Palisadenreihe eingerammt und diese Hochebene verdichtet. Damit eine Brücke eingebaut werden konnte, mußte ein Teich geschaffen werden. Er entstand aus ei-

Auf einer Hochebene aus Palisadenhölzern und festgestampfter Erde entstand der fünfgleisige Bahnhof am nördlichen Ende des Hof-Gartens.

ner Grube, die mit mehreren Lagen Plastikbahnen ausgeschlagen und harmonisch mit der Umwelt verbunden wurde. Inzwischen wurden hier einige Goldfische angesiedelt, die sich offensichtlich sehr wohl fühlen. Die Gebäude sind zum Teil Pola-Erzeugnisse, zum Teil wurden sie selbst gebaut. So manche kleine Bastelei am Rande der Anlage zeugt von der guten therapeutischen Wirkung des Umgangs mit der Modellbahn.
Damit der Gehweg für die übrigen Bewohner erhalten bleibt, hat der Erbauer die Bahn hinter dem Bahnhof Kleinbach unter den Gehwegplatten verschwinden lassen. Inzwischen haben die Gleise am anderen Ende des Weges schon wieder das Tageslicht erblickt und ziehen nach Westen, wo ein Industrieanschluß im Entstehen ist. Die Gleise wurden überwiegend auf Eternitplatten verlegt, ohne daß sie mit diesen verbunden sind.
Für ähnliche Fälle zieht Werner Becker ein Resümee aus dem Betreiben seiner ungewöhnlichen Anlage: Nachbarn sind netter als man denkt! Beschädigungen kommen höchst selten vor, mutwillige Zerstörungen überhaupt nicht. Gleise und Kunstbauten sollte man so verlegen, daß sie arbeiten können. Deshalb wurde das Gleis weder eingeschottert, noch auf dem Erdboden befestigt. Der Schnee wird nur von den Gleisen entfernt. In den übrigen Bereichen schadet häufiges Abkehren nur den Gebäuden. Triebfahrzeuge und Wagen sind auch im Winter sparsam mit kältebeständigen Ölen oder Fetten zu schmieren. Obacht vor Kriechströmen! Alles was sich auf der Primärseite des Trafos befindet, sollte stets trocken und mit feuchtraumsicheren Armaturen und Leitungen angeschlossen werden.

Fahrzeuge

Auf der Anlage verkehren fünf Dampf- und zwei Diesellokomotiven sowie ein Triebwagen. Mehr als 20 Personenwagenmodelle und 35 Güterwagen gestatten einen abwechslungsreichen Betrieb. Alle Fahrzeuge befinden sich in der Ursprungsfassung und wurden bewußt nicht umgebaut. Gründliche Pflege ist besonders im Winterbetrieb sehr wichtig. Die Schienenreinigung erfolgt mit einem speziell ausgerüsteten Schienenreinigungswagen und mit Waschbenzin.

Anlagen-Kurzporträt
Vorbild: Es wurde bewußt kein Vorbild gewählt, um freizügig Fahrzeuge einsetzen zu können.
Nenngröße: II als 1 000-mm-Schmalspurbahn (IIm), Zweileiter, Gleichspannung.
Gleise: LGB-Gleise, 112 m Gesamtlänge, 12 EW, 1 DKW und 1 Kreuzung.
Gesamtfläche: Etwa 110 m^2.
Geländegestaltung: Ausnutzung der natürlichen Flora, Anlegen eines Teiches.
Gebäude: Vorwiegend Pola-Gebäude, einzelne Bauwerke Eigenbau.
Fahrzeuge: 8 Triebfahrzeuge, 35 Güterwagen und 25 Personenwagen, alles LGB-Erzeugnisse.

Aus der Perspektive der auf den Maßstab 1:22,5 reduzierten Menschen gesehen: der Güterschuppen von Kleinbach an der Hauswand.

Auch die dicke Schneedecke kann die Ladearbeiter der Firma Becker nicht von ihrem emsigen Tun abbringen. Fleißig, fleißig.

Sie essen nichts und trinken nichts, ja sie frieren noch nicht einmal in ihrer sommerlichen Kleidung, die Reisenden in Kleinbach.

Unter den Gehwegplatten verbarg sich früher ein Abstellbahnhof. Inzwischen ist die Strecke am Ende des Weges weitergeführt worden.

Ein LGB-Lorenzug bringt Erdreich für den weiteren Anlagenbau über die Rampe am Gartenzaun. Der Unterbau besteht aus einer Leichtbaukonstruktion.

Ein dicker Baum verhindert die weitere räumliche Ausdehnung des kleinen Bahnbetriebswerkes. Doch Erweiterungen sind schon in Sicht.

Tram aus Dresden

Sie sind nicht gerade zahlreich, die Nachbildungen der Straßenbahn im Modell. Das mag mit an dem Mangel an vorbildgetreuen, betriebsfähigen Modellen liegen, wohl aber hauptsächlich am Mangel an nachahmenswerten Vorbildern. Rolf Zschaler aus Dresden suchte und fand seine Vorbilder im heimatlichen Betriebshof Mickten.

Vorbild

Lage- und gebäudemäßig hat Rolf Zschalers Straßenbahn-Anlage kein konkretes Vorbild, fahrzeugmäßig schon. Da fährt der legendäre „Große Hecht“ neben dem Lowa-Umbauwagen, und ganz besonders der Betriebshof, der vielen Trams des Nachts Unterschlupf und Restauration bietet, hat sein ganz konkretes Vorbild in dem Straßenbahnhof Dresden-Mickten, in dessen unmittelbarer Nähe Rolf Zschaler aufwuchs. Dennoch gibt es vorbildähnliche Situationen im Straßenbild, die der Anlage einen typisch Dresdener Touch geben. Die Eisenbahnüberführung zum Beispiel, die der Erbauer nach dem Vorbild der alten Eisenbahnbrücken am Dresdener Hauptbahnhof nachgestaltete, oder die zentrale Haltestelle am Postplatz mit der berühmten „Käseglocke“, dem runden Warte- und Kassenhäuschen.

Anlagenkonzeption

Rolf Zschaler hat Glück: Er hat eine ganze Altbauwohnung für sich und seine Anlage allein. Trotzdem brachte es die Situation mit sich, daß zwei Anlagenteile mit einem langen, hochliegenden Streckenteil zu verbinden waren. Auch die Anordnung einer Brücke im Zuge dieser Hochtrasse konnte

So sahen Frühaufsteher den Schuppen des Dresdener Straßenbahnhofs Mickten anfangs der 60er Jahre.

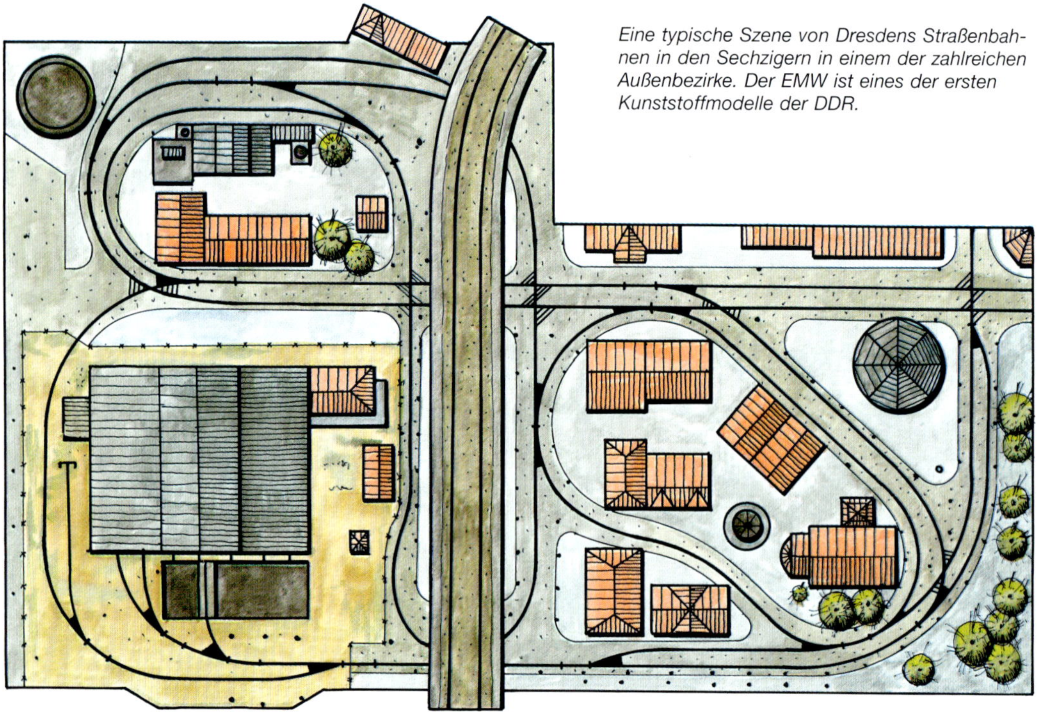

Eine typische Szene von Dresdens Straßenbahnen in den Sechzigern in einem der zahlreichen Außenbezirke. Der EMW ist eines der ersten Kunststoffmodelle der DDR.

Gerade wird ein Modell-Triebwagen der Linie 4 mittels einer Schiebebühne in die Remise rangiert. Funktionstüchtig und vorbildgetreu.

Der „Große Hecht“ (l.) war ein bekannter Straßenbahnzug auf Dresdens Schienen. In H0 gab es einen Bausatz, der von Herrn Zschaler motorisiert wurde.

Eine kaum glaubhafte Szene aus jenen Tagen: Der Osnabrücker Möbelwagen auf Dresdens Straßen. Wer konnte denn da umziehen?

die Linienführung nicht so richtig glaubhaft machen. Da kam die erleuchtende Idee: Unter der Trasse und um sie herum sollte eine Straßenbahn verkehren. Mit richtig funktionierender Oberleitung zwischen den Häuserwänden und als völlig in sich abgeschlossene Betriebseinheit inmitten der übrigen H0-Anlage. Inzwischen hat sich dieses modellbahntechnische Füllsel zum Dreh- und Angelpunkt der Zschalerschen Anlage entwickelt, und die Erweiterungsstücke sind fast so groß wie die ursprüngliche H0-Hauptbahn. Trotzdem plant der Elektroniker kontinuierlich im Interesse beider Anlagenteile, denn hohe Perfektion ist sein Ziel.

Anlagenbau

Der offene Rahmen, der ursprünglich „das bißchen Strab-Anlage" aufnehmen sollte, hatte sich schon bald als unterdimensioniert erwiesen. Inzwischen ruht die Anlage als selbständige Baueinheit auf einem kräftigen Unterbau und kann bei Bedarf auch aus dem Verband herausgenommen und als selbständige Einheit betrieben werden. So gründlich der Fachmann die elektronische und mechanische Seite seiner Tramanlage plante, so sehr bereut er jetzt Jugendsünden im Gleis- und Straßenbau sowie in der Anbringung der Oberleitung. Freilich standen zum Zeitpunkt des Anlagenbaus nur zwei Sorten von bedrucktem Steinpapier zu Verfügung, doch die exakte Einbettung der gesamten Gleisanlage in die Straßenoberfläche brachte den Meister besonders bei den Weichen oft zur Verzweiflung. Heute würde er alles ganz anders machen, und so liegen auch schon neue und vorbildgetreu aussehende Pflasterplatten bereit, eine Riesenbaustelle zu bilden. Daß die Oberleitung mit Abspannungen vorbildgetreu an den Häusern befestigt wurde, war seinerzeit der ganze Stolz des Erbauers. Doch daß dazu die Gebäudemodelle „bombenfest" auf der Anlage festgeklebt werden mußten, läßt heute weder eine Reparatur noch eine Lampenauswechslung der Innenbeleuchtung zu. Dennoch schmälert das nicht den guten Griff des Modellbauers bei der Gestaltung vieler, für Dresden typischer Details und sein feinmechanisches Können, das besonders bei der Ausrüstung des Betriebshofs mit einer voll funktionsfähigen Schiebebühne überzeugend zum Ausdruck gekommen ist.

Zur Anfertigung der Stützsäulen unter der Eisenbahnbrücke vermaß der Erbauer mit Schiebelehre und Bandmaß die Originale vorm Hauptbahnhof, um sie dann zu Hause aus Aluminium drehen zu können.

Die Maße der Brückensäulen am Hauptbahnhof wurden exakt am Vorbild ermittelt und im Maßstab 1:87 nachgebildet.

Die „Käseglocke“ von Dresden, so nannten die Einwohner das runde Warte- und Fahrkartenhäuschen auf dem Postplatz im Zentrum der Metropole.

Torbögen, Balkone und ein nostalgischer Straßenbahnzug. Das Bild kann von irgendwo zwischen Pillnitz und Schillerplatz sein.

Fahrzeuge

Alle Fahrzeuge entstanden in der eigenen Werkstatt am Küchentisch. Lediglich für den „Großen Hecht“ stand ein Bausatz der ehemaligen Firma Prefo zur Verfügung, doch auch der wurde nach den Vorbildern frisiert und, wie alle anderen Fahrzeuge, mit einem gutfunktionierenden Antrieb ausgerüstet. Dafür verwendete Rolf Zschaler Spezialmotoren aus der Film- und Fotoindustrie, rüstete sie mit Schwungmassen aus und baute sie in Getriebegruppen ein, die einen vorbildgetreuen Betrieb garantieren. Insgesamt verkehren auf der Anlage sechs Triebfahrzeuge und fünf Beiwagen. Einige Sonderfahrzeuge (Werkstattwagen) sind im Bau. Neben dem „Großen Hecht“ gibt es Wagen, die in den 50er Jahren von Lowa umgebaut wurden. Sie entstanden alle aus 0,5 mm dickem Messingblech unter Verwendung von Metallrädern von Piko und Gützold. Die Detailtreue reicht bis zur exakten Nachbildung der Blinkleuchten und der aufwendigen Dachgestaltung.

Anlagen-Kurzporträt
Vorbild: Dresdener Straßenbahn um 1965, ohne konkreten Linienbezug.
Nenngröße: H0, Zweileiter, Gleichspannung.
Gleise: Pilz-Gleis (Flexgleis) mit 2,5 mm hohen Schienen, 15°-Weichenbausätze mit Unterflurantrieb.
Anlagengröße: 2 050 × 1 620 mm.
Geländegestaltung: Gleise und Gebäude auf herausnehmbaren Platten, kaum Geländegestaltung.
Gebäude: Handelsüblich, hauptsächlich von Auhagen. Viele Umbauten wegen der sicheren Anbringung der Oberleitung. Halle des Betriebshofs und Wartehäuschen am Postplatz sind Eigenbauten.
Fahrzeuge: Alles Eigenbauten mit selbst hergestellten Antrieben.

Im Schienenbus nach Wuitz

Von der in Gera-Pforten beginnenden Schmalspurbahn nach Wuitz gab es schon einmal eine Modulanlage, die von Modellbahnern der Arbeitsgruppe Mitte des Leipziger Modellbahnvereins „Friedrich List" gebaut worden war.
Doch nach der Wende riß man alles wieder ab und begann auf der Basis nun vorhandener Möglichkeiten von neuem.

Vorbild
Bereits 1878 gab es im thüringischen Meuselwitz ein Komitee, das den Bau einer normalspurigen Sekundärbahn von Meuselwitz nach Gera vorsah. Doch Engstirnigkeit und bürokratisches Verhalten ließen dieses Projekt nie zur Ausführung kommen. Erst nach mehr als zehn Jahren Verzögerung entschloß man sich, eine Schmalspurbahn mit 1 000 mm Spurweite von Gera-Pforten nach Meuselwitz und weiter nach Wuitz zu bauen: die Gera-Meuselwitz-Wuitzer Eisenbahn, kurz G.M.W.E. genannt. Nicht nur landschaftlich war die über 30 km lange Schmalspurbahn äußerst reizvoll, auch die politischen Verhältnisse boten zum Zeitpunkt der Bahneröffnung einmaliges. Drei verschiedene Länder mußte die Bahn durchqueren, ehe sie in der Nähe von Meuselwitz ankam. Der Beginn der Strecke Gera–Pforten lag im Fürstentum Reuss (jüngere Linie), bei Pölzig wechselte die Bahn ins Sachsen-Anhaltische, um schließlich im preußischen Wuitz zu enden. Auch betriebstechnisch wurde allerhand Interessantes geboten. So der Einsatz mehrerer Mallet-Lokomotiven der Baureihe K 44.7 (B'Bn4vt), einer kastenförmigen Straßenbahnlok, sowie eines Schienenbusses mit der Achsfolge 1'A.

Anlagenkonzeption
Die Modulbauweise hatte in der DDR gerade erste Wurzeln geschlagen, als eine Gruppe Leipziger Modellbahnfreunde den Entschluß faßte, „ihre" G.M.W.E. in der Nenngröße H0 als Modulanlage aufzubauen. Dabei entstand eine Vielzahl von Fahrzeug- und Gebäudemodellen als Eigenbauten; die Gleise wurden aus zersägtem TT-Material hergestellt. Sieben Module und zwei Wendeschleifen existierten bereits, als sich in Deutschland die politische Wende vollzog. Sofort be-

Der Bahnhof Pölzig an der G.M.W.E. in der Epoche IV. Zugegeben, die Autos sind etwas jünger.

Die Semiphor-Station war eine Einmaligkeit der G.M.W.E. Hier konnten die Lokomotiven aus dem Schnauderbach Wasser entnehmen.

Die Pferde sind den bimmelnden und pfeifenden Schmalspurbahnzug gewohnt. In stoischer Ruhe warten sie ab, bis es wieder weitergeht.

gannen die Modellbauer der Arbeitsgruppe Mitte, auf der Basis nun vorhandener, besserer Möglichkeiten die Anlage neu zu konzipieren. Und so konsequent wie diese neue Planung war auch der technische Neubeginn dieser Modulanlage.

Anlagenbau

Zunächst wurden alle Module auf ein einheitliches Maß von 100 × 500 mm gebracht und die Gleisanlagen komplett auf Schmalspurgleise der Firma Bemo umgerüstet. Gleichzeitig wurde die gesamte Elektroversorgung und Elektronik ausgebaut und auf den neuesten technischen Stand gebracht. Das betraf sowohl die Verbindung zwischen den einzelnen Modulen mit Euro-AV-Steckern und -Buchsen als auch die Schaffung von Möglichkeiten zur gesonderten Ansteuerung einzelner Module oder Modulgruppen mit modernen Steuereinrichtungen. So gibt es eine durchgehende 21polige Leitung unter allen Modulen und eine gesonderte Stromquelle für die mit 24 V angesteuerten Relais. Für jede Fahrtrichtung der Züge steht jeweils ein Piko-Trafo FZ 1 zur Verfügung. Damit entfällt das Umschalten für den Fahrtrichtungswechsel, die Triebfahrzeuge werden nach dem Halt der jeweiligen Fahrtrichtungsspannung über Potentiometer weich zugeschaltet.

Auch den WUMAG-Bus auf Schienen (später VT 133 521) gab es nur auf dieser Bahn. Mitte der Zwanziger war er der Stolz der Geraer.

Dies geschieht entweder vom zentralen Steuerpult aus oder mittels umgebauter Handys als Walk-around-Regler.
Der Unterbau der Segmente besteht aus hölzernen Rahmenkonstruktionen mit geschlossener Sperrholzabdeckung. Die Landschaftsgestaltung erfolgte mit einem Moltofil-Leim-Gemisch über einem Kern aus Styropor. Der Gleisschotter (Kies) und die Feldwege sind Bremssand aus dem Bw. Die Bäume stammen von Heki und Auhagen, der Untergrund und die Büsche entstanden aus Heki-Laub, Heki-Flor und Geländevlies von Busch. Alle Hoch- und Kunstbauten wurden nach Originalunterlagen aus Pappe und Sperrholz maßstabsgetreu nachgebaut und mit Ziegelmauerwerkpapier beklebt.

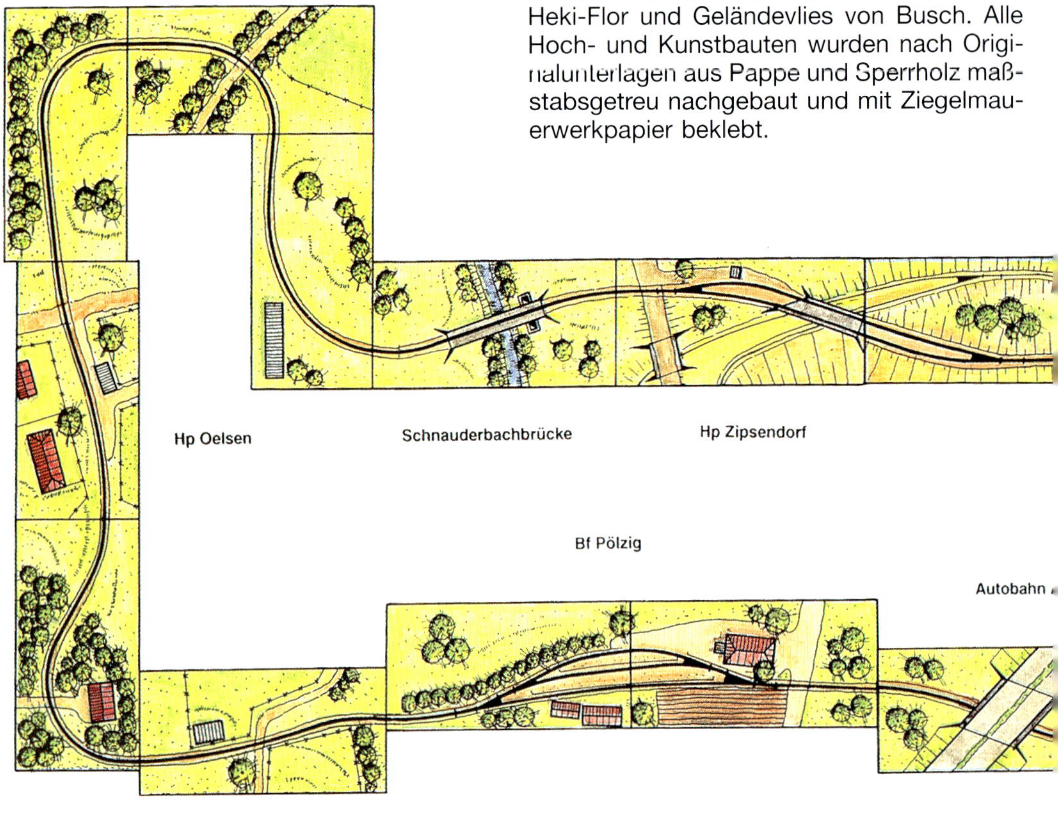

Fahrzeuge

Die Lokomotiven entstanden vorwiegend auf der Basis umgebauter BTTB-Modelle. Dabei wurden Kessel und Wasserkästen aus Messing hergestellt oder aus vorhandenen Lokgehäusen zusammenkomponiert. Völlig neu entstand der Schienenbus. Das Gehäuse ist auch hier aus Messing, der Antrieb besteht aus einem Bühler-Motor und Messingzahnrädern von Schullern. Die Wagen wurden vorwiegend aus Pappe oder Sperrholz auf Bemo-Fahrgestellen und BTTB-Drehgestellen hergestellt.

Anlagen-Kurzporträts
Vorbild: Gera-Meuselwitz-Wuitzer Eisenbahn (G.M.W.E.) um 1950.
Nenngröße: H0 als 1 000-mm-Schmalspurbahn (H0m) und mit einem Stück Grubenbahn (H0e).
Gleise: Etwa 30 m Gleis und 16 Weichen von Bemo (Flexgleis und konfektioniert). Grubenbahn auf H0n3-Gleis (H0e) von Shinohara.
Gesamtfläche: 20 m lang, 500 mm tief.
Geländegestaltung: Moltofil-Leim-Gemisch über Styroporkern. Beflockungs- und Gestaltungsmaterial von Heki und Busch.
Gebäude: Eigenbauten aus Pappe und Sperrholz unter Verwendung von Mauerwerkpapier.
Fahrzeuge: Umbauten aus BTTB-Lokomotiven, Schienenbus als Eigenbau, Wagen als Eigenbauten auf Bemo-Fahrgestellen.

Wie alle Gebäude auf der H0m-Anlage wurde auch das Kaynaer Empfangsgebäude unter Verwendung von selbstgedrucktem Mauerwerkpapier gestaltet.

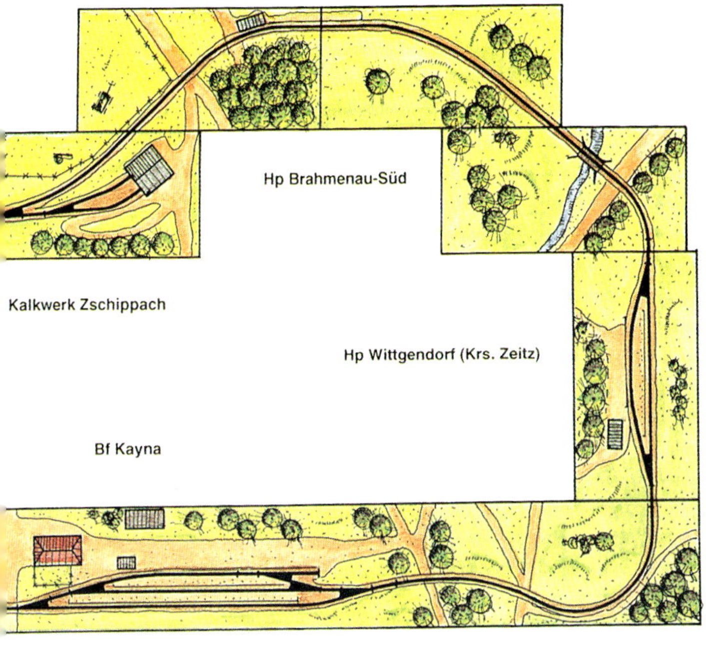

Gekonnt verteilten die Leipziger Modelleisenbahner viele liebevoll gestalteten Szenen auf dieser einmaligen Segmentanlage.

Spaß an der Sache

Ihm geht es wie Millionen anderer Bürger unseres Landes: Er hat sich von klein an für die Eisenbahn interessiert, baute im Verlaufe der Jahre eine hübsche, doch überhaupt nicht vorbildgetreue Anlage und freut sich, wenn er nach des Tages Mühen seine Mußestunden an der TT-Anlage verbringen kann.
Roland Schlapp aus Elsenfeld ist Heilpraktiker, und die Modelleisenbahn ist für ihn eine liebenswerte Freizeitbeschäftigung, nicht mehr.

Vorbild
Die Anlage in der Nenngröße TT besitzt kein Vorbild. Darauf hatte es Herr Schlapp auch niemals abgesehen. Für ihn war die Beschäftigung mit der Modellbahn immer ein Quell der Freude und der Selbstbesinnung. Nietenzählerei und Raddurchmesserkontrollen mit der Schiebelehre sind dem Anlagenerbauer suspekt. Dabei ist in der bewußt kindlichen Gestaltung der Anlage durchaus eine Vorliebe fürs Gebirge und für stark durchschnittene Landschaften zu erkennen. Doch damit läßt er es bewenden. Er will nicht, daß etwas gedeutet wird, was gar nicht stimmt.

Anlagenkonzeption
Bei einer solchen, spielbetonten Einstellung zur Modelleisenbahn nimmt einen der Gleisplan doch etwas wunder. Sicher, das Oval als die Mutter aller Modellbahnanlagen taucht auch hier immer wieder als Grundelement auf, doch beweisen die bewußt langgezogenen Strecken und die nie aus dem Auge verlorenen Möglichkeiten, die Anlage eines Tages erweitern zu können, den Wunsch nach Perfektion – und wenn's auch nur ein ganz klein wenig ist. Zwei Erweiterungen hat die Anlage übrigens bereits über sich ergehen lassen müssen: zum ersten wurde der Gleisbogen hinter dem Bahnhof als zu kurz erkannt und durch eine großzügige Wendeschleife ersetzt, und zum zweiten entstand im linken Anlagenschenkel ein Industrieanschluß, der wiederum von einem Bogen um-

Spaß am Gestalten und Fabulieren mit der Modellbahn ist das erklärte Ziel des Erbauers. Seine Philosophie ist weitab jeder Nietenzählerei und Einengungen.

Bogenbrücken und Brückenbögen sind die Lieblingskonstruktionen von Roland Schlapp. Der TEE entstand aus einem Bausatz der Firma Kunze.

fahren wird. Zur Belebung der Anlagen mit Gebäuden wurde alles verwendet, was dem Erbauer gefiel. Und da dieses Angebot in der Nenngröße TT nicht gerade üppig ist, griff Herr Schlapp auch schon mal zum Messer und zur Bastelsäge und gestaltete einen H0-Bausatz passend für die „Spur der goldenen Mitte“ um.

Anlagenbau

Ein stabiles Grundgerüst für eine Modellbahnanlage entspricht der Haltung des Erbauers: Solide muß sie sein. Vielleicht deckt sich dieser Grundsatz auch mit dem Wunsch nach den ungetrübten Spielfreuden, denn auf wackligen Anlagenbeinen kann sich kein Gleis sicher mit 200 Sachen befahren lassen. Auch daran, daß geschlossene Platten gewaltig zur Gewichtszunahme beitragen, hat Herr Schlapp gedacht und nur einzelne Regionen in Plattenbauweise hergestellt. Andere Anlagenteile wurden in einer offenen Rahmenbauweise gestaltet. Auch mit Gips wurde ganz bewußt gespart, eben des Gewichts wegen. Die Landschaft entstand ganz nach dem Gusto des Erbauers. Schroffe Felsen wechseln mit sanften Almen ab und meerblaue Flüsse schlängeln sich durch steile Schluchten. Dabei wurde viel Knüllpapier als Untergrund und wenig Gips als Deckhaut verwendet. Bei der Oberflächengestaltung kamen viele Streumaterialien, aber auch Grasmatten, Moose und handelsübliche Bäume zur Anwendung. Die Gleise liegen auf Streugut aus gefärbtem Korkschrot und Kaffeesatz. Sie wurden bewußt nicht eingeschottert, um bei möglichen Veränderungen des Gleisplans nicht an fixe Trassen gebunden zu sein. Signale sind auf der Anlage sparsam verteilt. Sie werden auch gestellt, haben jedoch keinen Einfluß auf den Lauf der Züge.

Gebäude

Der Grundidee der Anlage folgend, wurde alles aufgestellt, was gefiel. Da steht das bayerische Landhaus neben dem mitteldeutschen Bürgerhaus, und der Wasserturm mutet an wie eine Wasserentnahmestelle im wilden Westen. Da das Angebot in dieser Nenngröße – außer den Gebäudemodellen von Auhagen – nicht überwältigend ist, wurde auch das eine oder andere Gebäude aus einem H0-Bausatz so zurechtgestutzt, daß es in die TT-Umgebung paßt. Andererseits hat die Nenngöße TT das größte Angebot an Baummodellen, denn wer will entscheiden, ob ein Baum 12 m (TT), 8,70 m (H0) oder 16 m (N) hoch ist? Im Modell sind sie alle 100 mm groß.

Ein Betonsockel unter dem N-Gebäude erhöht es für die Nenngröße TT.

Für die BR 35 ist der Schuppen viel zu klein, doch was macht das?

Die zahlreichen Umbauversuche verschiedener Fahrzeuge zeugen von der Lust des Erbauers am Basteln und dem respektlosen Umgang mit der Sache.

Die Gebäude wurden aus dem Baukasten gebaut, der Triebwagen entstand aus einem Roco-Modell und der Anhänger aus Sperrholz.

Fahrzeuge

Logischerweise besteht der Fahrzeugpark fast ausschließlich aus Modellen der ehemaligen DDR-Firma Zeuke. Da diese seinerzeit recht preiswert in den (westdeutschen) Handel kamen, scheute sich Roland Schlapp nicht, das eine oder andere Modell umzubauen und zu verändern. Daß das fast ausnahmslos gelang, lag nicht nur an der unkomplizierten Konstruktion der Modelle, sondern spricht besonders für das Geschick des Modellbauers und sein (vielleicht unbeabsichtigtes) Bestreben, sich doch nicht nur mit dem Spielen zu begnügen.

Ein beeindruckender Großstadtbahnhof und viel Eisenbahnbetrieb; liebenswerter Ausdruck der Schlappschen Spielphilosophie.

Die V 75 ist ein Modell des ehemaligen VEB Berliner TT-Bahnen, wie überhaupt der größte Teil des rollenden Materials von dort stammt.

Vor einer imposanten, selbstgemalten Kulisse für den Hintergrund überquert der umgebaute Roco-Triebwagen die Bogenbrücke.

Anlagen-Kurzporträt
Vorbild: Reine Spielanlage ohne konkretes Vorbild.
Nenngöße: TT, Zweileiter, Gleichspannung.
Gleise: TT-Standardgleis, etwa 30 m und 21 m Weichen.
Gesamtfläche: Länge 5,50 m, Breite 2,00 m, Tiefe 0,60 m.
Geländegestaltung: Knüllpapier mit einem dünnen Gipsüberzug, darüber Streumaterial und Grasmatten.
Gebäude: Handelsüblich und Frisuren anderer Bausätze.
Fahrzeuge: Fahrzeuge von BTTB Zeuke, einige Triebfahzeuge umgebaut.

Das Heimat-Bw

Die berufliche Heimat des Lokomotivführers ist das Bahnbetriebswerk. Wenn er darüber hinaus noch engagierter Modelleisenbahner ist, baut er sich als erstes auf seiner Anlage ein Bw. Lokführer Jürgen Kühn aus Lutherstadt Wittenberg gestaltete ein kleines Dampflok-Bw der Epoche III als Grundstock für seine große TT-Anlage.

Vorbild

Natürlich sollte das Bahnbetriebswerk ein Vorbild haben, und zwar das seiner Heimatstadt Wittenberg, und außerdem sollte es in der Nenngröße H0 gebaut werden. Doch bereits in der Planungsphase war zu erkennen: Das im Vorbild etwa 2 km^2 große Bw hätte bei vorbildgetreuer Nachbildung die Ausmaße einer Turnhalle gehabt. Also wurde der Wunsch von der Nachbildung des heimatlichen Lokschuppens aufgegeben und auf eine einfache Betriebsstelle reduziert. Und als dann die geplanten Ausmaße immer noch die vorhandenen Möglichkeiten übertrafen, reduzierte der Erbauer seine Wünsche auf die Nenngröße TT. Im wahrsten Sinn des Wortes: ein goldener Mittelweg. Bei aller Einschränkung wurde ein Höchstmaß an Vorbildlichkeit angestrebt, vom 10ständigen Lokschuppen bis zur Schlackengrube und zum Öl- und Lagerschuppen.

Anlagenkonzeption

Weil es in der Nenngröße TT kaum Zubehörteile für die Einrichtung eines vorbildgetreuen Bahnbetriebswerks gibt, stand von vornherein fest, daß der Selbstbauanteil entsprechend hoch sein würde. Ansonsten gelang es Jürgen Kühn recht gut, den Riesenbetrieb in seinem Heimat-Bw auf ein machbares Maß zu beschränken, ohne dabei wesentliche Elemente des Bw-Betriebs wegzulassen. Sogar das Stellwerk in der Bw-Einfahrt wurde nicht vergessen, wenngleich auch hier nur eine stark vereinfachte Ausführung zur Aufstellung gelangte. Die Zusammensetzung des Areals aus zwei Teilflächen entspricht den gegebenen Platzverhältnissen und läßt die Möglichkeit offen, den Torso mit 600 mm breiten Modulen zu erweitern.

Anlagenbau

Kernstück der Anlage ist die Eigenbau-Drehscheibe. Ihr mußte sich das gesamte Anlagengerüst anpassen. Es mußte so ausgeführt werden, daß der komplizierte Mechanismus klemm- und verzugsfrei untergebracht werden konnte. Der mechanische Teil be-

Im Sommer ungeliebter Stellplatzfresser, doch im Winter enorm wichtig: Der Klima-Schneepflug, der hier aus einem Tender einer G 8 entstand.

steht aus einer umgebauten BTTB-Brücke, die auf TT-Schienen läuft. Die Grube wurde aus Pertinax gedreht und das Ganze von einem Piko-Motor mit Getriebe aus einem Waschmaschinenzeitschalter bewegt. Der Antrieb ist zwar nicht zu überhören, jedoch absolut funktionssicher.
Die Besandungsanlage, der Schlackenaufzug und das Schürhakengestell wurden aus Messing-Kleinprofilen von der Firma Schullern gelötet, wobei der Aufzug der Schlakkenmulde (von Hand) beweglich ist. Auch die Bekohlungsanlage mußte selbst gebaut werden. Sie entstand auch vorwiegend aus Messing-Kleinprofilen, Sperrholz- und Kunststoffplatten. Die Kranbrücke ist drehbar und das Portal verfahrbar ausgeführt, jedoch (zunächst) alles von Hand. Dabei wurde bewußt offen gelassen, die Einrichtung eines Tages motorisch antreiben zu können. Die Gleise vor dem Schuppen wurden elektrisch separat zu- und abschaltbar eingerichtet.

Anlagen-Kurzporträt
Vorbild: Bahnbetriebswerk Lutherstadt Wittenberg, stark reduziert auf minimalen Umfang.
Nenngröße: TT, Zweileiter, Gleichspannung.
Gleise: TT-Gleise von Pilz, Weichen von der Firma Krüger.
Gesamtfläche: Zwei Platten je 1 000 mm breit, eine Platte 1 000 mm tief, die andere 600 mm.
Geländegestaltung: Plattenbauweise, Bäume von Heki, Grünflächen aus Grasmatten, alle Gleise geschottert, Unterflur-Weichenstellung mit motorischen Antrieben.
Gebäude: Umgebaute und gealterte Auhagen-Gebäude, Selbstbaumodelle.
Fahrzeuge: BTTB-Fahrzeuge in Originalausführung, umgebaut und frisiert, sowie Kleinserienmodelle von Beckmann.

Gebäude

Bei der Auswahl der Gebäudemodelle kamen verständlicherweise nur solche der Firma Auhagen zur Aufstellung, weil diese zum Zeitpunkt des Baus der Anlage als einzige zur Verfügung standen. Und auch diese wurden nicht „aus der Schachtel heraus“ gebaut, sondern den räumlichen und motivlichen Gegebenheiten angepaßt. Totale Neubauten sind der Lokschuppen und das Öl- und Materiallager. Aus Stabilitätsgründen wurden die Schuppenwände aus Sperrholz hergestellt, denn an ihnen wurden die Tore beweglich angebracht. Ziel ist es, diese mit motorischen Antrieben zu versehen, wobei jedes Flügelpaar extra beweglich sein soll. Das Dach besteht ebenfalls aus Sperrholz, es erhielt einen Überzug aus feinstem Schleifleinen als Dachpappenimitation. Die Dachkonstruktion ist abnehmbar, damit man in den Schuppen hineinsehen kann, und so soll es auch bleiben, wenn die motorische Türöffnungsanlage eingebaut sein wird.

Fahrzeuge

Natürlich überwiegen bei einem Bw-Motiv die Triebfahrzeuge. Wagen wurden zunächst nur für den Kohle-, Schlacken- und Betriebsmitteltransport angeschafft. Insgesamt sind

Auch die Rückwand und die Seitenwände des Schuppens wurden liebevoll ausgestaltet, einschließlich des obligatorischen Schrotthaufens.

Die einzige Lok im Besitz des Anlagenbauers, eine T 3 von Fleischmann, wurde zugerüstet und umlackiert, um dem Vorbild nahe zu sein.

Schmucklos und billig waren die Beamtenwohnhäuser der Preußischen Staatsbahn. Doch im H0-Modell ist sogar die Inneneinrichtung zu erkennen.

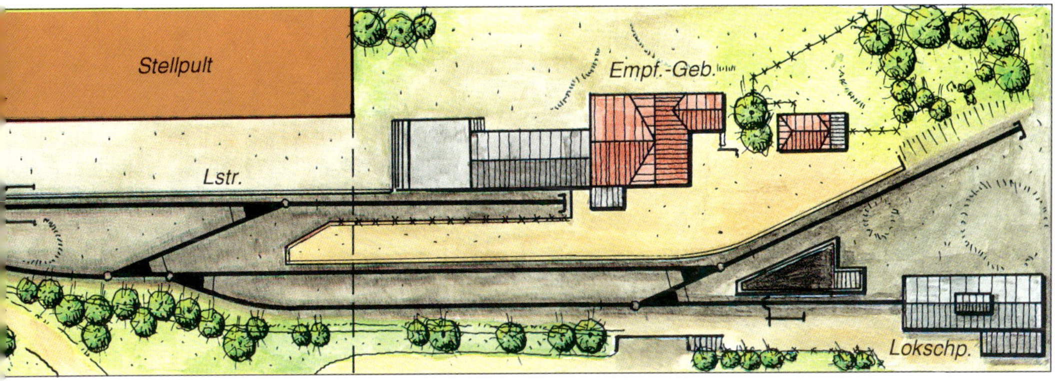

Perfektion, die es wert ist, vorgestellt zu werden, auch wenn sie erst der ganzen Anlage Anfang ist.

Anlagenbau

Wie bei allen Modulkonstruktionen besteht der verwindungssteife Rahmen aus Brettern und Leisten. Anders als gewöhnlich ist die Wahl von ausgesuchten Möbelbrettern für die Außenflächen des Rahmens. Die Anlage soll schließlich als Möbel in der Wohnung stehen, nicht als Störfaktor. Die Oberfläche des Moduls wurde geplant gestaltet. Dort, wo Gebäude und Anlagen stehen, wurden Sperrholzplatten aufgeschraubt, wo sich Landschaft entwickeln soll, blieb der Rahmen offen, um Gewicht zu sparen und die Landschaft mit Styropor und Moltofil-Überzug gestalten zu können. Die vorbildgetreu eingeschotterten Gleise der Nebenbahn stammen von der Firma Pilz und wurden auf stabilen Trassenbrettern verlegt. Die Weichen werden unterflur von motorischen Antrieben gestellt. Wegen der Geräuschentwicklung wurden diese Antriebe in Pur-Schaum eingebettet. Der künftigen Entwicklung wegen wurde das Modul bereits jetzt mit einer 21poligen Stromversorgungsanlage ausgerüstet, obwohl diese gegenwärtig noch gar nicht genutzt werden kann. Die 0,5 m^2 große Fläche bietet eine Fülle an Gestaltungsdetails. So entstanden die knorrigen Bäume aus gedrilltem Kupferdraht mit Belaubungen von Heki; der Kohlenbansen enthält natürlich echte Steinkohle, und der Wasserkran läßt sich motorisch bewegen und zum Wassernehmen über das Lokomotivmodell schwenken.

Gebäude

Eisenbahnhochbauten finden das besondere Interesse des Erbauers. So wurden alle Gebäude nach Originalunterlagen der Eisenbahndirektion Hannover aus Sperrholz und Kunststoffplatten selbst gebaut, nicht ohne vor ihrer endgültigen Verwendung gealtert und verwittert worden zu sein. Die Dächer aller Gebäude sind abnehmbar, um die Inneneinrichtungen zu zeigen. Die Tore am Lokschuppen sind genauso beweglich und stellbar wie die Schiebetore am Güterschuppen und die Fenster im Beamtenwohnhaus. Die Figuren stammen von der Firma Preiser und wurden als unbemalte Konfektion angeschafft.

Fahrzeuge

Der Fahrzeugbestand der kleinen Anlage ist (noch) äußerst bescheiden: eine T 3 von Fleischmann und vier Wagen von der gleichen Firma. Doch Greger wäre nicht Greger, wenn er nicht auch diese schon in die Hände genommen hätte, um sie zu verfeinern, umzulackieren und der Stimmung auf seiner Altmarkanlage anzupassen.

Morgen- oder Abendstimmung? Egal, zweimal muß die T 3 auf jeden Fall zum Wassernehmen und an den Kohlenbansen.

Beschauliche Morgenstimmung im Bahnhof Karingerode. Währen die T 3 den Mittagszug zusammenstellt, käut das Vieh das erstemal wieder.

Das waren noch Zeiten, als jeder für seinen Dreck selbst verantwortlich war. Bauer Kniebusch mit einem Jauchefaß unterwegs zu seinem Acker.

Königlich Preußische Eisenbahn pur. Bis hin zu den beweglichen Schuppentoren und dem aufwendig gestalteten Zaun ein Musterbeispiel guter Anlagenteile.

Anlagen-Kurzporträt
Vorbild: Normalspurige Nebenbahn zwischen Salzwedel und Wittenberge.
Nenngröße: H0, Zweileiter, Gleichspannung.
Gleise: Pilz-Elite-Gleis mit 2,1 mm hohen Schienen und Weichen mit motorischem Unterflurantrieb.
Gesamtfläche: 1 000 × 500 mm.
Geländegestaltung: Teilweise Plattenbauweise, freie Flächen mit Polystyrolgelände geformt, auf denen Steumaterial (Woodland) sowie Baum- und Buschflora (Heki) aufgebracht wurden.
Gebäude: Eigenbauten aus Sperrholz und Kunststoffplatten mit Inneneinrichtungen und Beleuchtung.
Fahrzeuge: Eine Dampflokomotive (Fleischmann T 3), zwei Personen- und zwei Güterwagen; alle frisiert.